Oliver Ratajczak (Hrsg.)

Erfolgreiches Beschwerdemanagement

Oliver Ratajczak (Hrsg.)

Erfolgreiches Beschwerdemanagement

Wege zu Prozessverbesserungen
und Kundenzufriedenheit

GABLER

Bibliografische Information der Deutschen Nationalbibliothek
Die Deutsche Nationalbibliothek verzeichnet diese Publikation in der
Deutschen Nationalbibliografie; detaillierte bibliografische Daten sind im Internet über
<http://dnb.d-nb.de> abrufbar.

1. Auflage 2010

Alle Rechte vorbehalten
© Gabler Verlag | Springer Fachmedien Wiesbaden GmbH 2010

Lektorat: Guido Notthoff

Gabler Verlag ist eine Marke von Springer Fachmedien.
Springer Fachmedien ist Teil der Fachverlagsgruppe Springer Science+Business Media.
www.gabler.de

Umschlaggestaltung: KünkelLopka Medienentwicklung, Heidelberg
Gedruckt auf säurefreiem und chlorfrei gebleichtem Papier
Printed in Germany

ISBN 978-3-8349-1521-4

Vorwort

Warum halten Sie dieses Buch gerade jetzt in Ihren Händen?

Wahrscheinlich sind Sie bereits in Beschwerdeprozesse involviert oder wurden beauftragt ein Beschwerdemanagement zu „implementieren" und stellen sich nun zum Beispiel die folgenden Fragen:

- Wie kann ich mein bestehendes Beschwerdemanagement optimieren?
- Wo sind die Stolperfallen bei der Einrichtung eines neuen Beschwerdemanagements „auf der grünen Wiese"?
- Wie setzen die Mitbewerber erfolgreich Beschwerdemanagementstrategien um?
- Wie finde ich die richtigen Mitarbeiter für mein Beschwerdemanagementteam?
- Welche beschwerdetypischen Kennzahlen sollte ich „im Auge" haben?

Ich kann Sie beruhigen: Mit diesen Fragen sind Sie nicht alleine! Und auf viele dieser Fragen gibt es Antworten! Sie finden diese in Form von komprimierten Praxiserfahrungen genau in diesem Buch!

Warum existiert dieses Buch überhaupt?

In Zeiten scheinbar generell sinkender Kundenloyalität erscheint die alte „Idee", seine Kunden durch die Einrichtung eines Customer-Relationship-Management-Systems (CRM) oder die Einführung eines Kundenbindungsmanagements stärker an das eigene Unternehmen bzw. die eigenen Produkte „zu binden", immer attraktiver. Kaum findet sich ein Geschäftsbericht, in dem nicht die Ausrichtung auf den Kunden verkündet wird. Nur? Hatten Sie als Endkunde in den letzten Jahren das Gefühl, dass die Unternehmen, deren Produkte bzw. Dienstleistungen Sie nutzen, nun deutlich mehr über Sie und Ihre Wünsche wissen?

Als ich vor über zehn Jahren meine Beraterlaufbahn im Umfeld CRM/Beschwerdemanagement begann, erschien mir der Beschwerdemanagement- bzw. CRM-Hype so allgegenwärtig, dass ich mich zwangsläufig nach einer Weiterentwicklung dieses Ansatzes umsah. Das Konzept des Stakeholder-Relationship-Managements wurde entwickelt, um nicht „nur" die Beziehungen zum Kunden, sondern auch zu allen anderen Stakeholdern (zum Beispiel Mitarbeiter, Lieferanten oder Öffentlichkeit) „im Griff" zu haben. Doch seien wir einmal ehrlich. Ist es sinnvoll, sich mit dem jahrelangen Aufbau millionenschwerer IT-Systeme zu beschäftigen und dabei einen Kernbestandteil des CRM-Gedankens („Höre Deinen Kunden zu!") derweil zu vernachlässigen? Nein!

Viele Unternehmen „betreiben" ein Beschwerdemanagement, weil es einerseits teilweise vorgeschrieben ist oder es andererseits „zur Abarbeitung" existieren muss, da man Beschwerden ja nicht völlig verhindern kann. Nur wie viele Unternehmen erkennen die Chancen zur Produkt- oder Prozessverbesserung, die jeden Tag in Form von Beschwerden frei Haus geliefert werden, in ganzer Tiefe? Immer noch werden Beschwerdemanagementabteilungen als reine Kostenstellen betrachtet, die man „leider" aufgrund einer signifikanten Beschwerdeanzahl nicht abschaffen kann.

Lassen Sie mich Ihnen kurz etwas zur Entstehungsgeschichte dieses Buches erzählen:

Im Rahmen meiner Beratungstätigkeit lernte ich viele Beschwerdemanager kennen, die ihre Aufgabenbereiche hoch engagiert weiterentwickelten. Mir wurde jedoch von vielen Seiten zugetragen, dass der Austausch zwischen den Beschwerdeabteilungen unterschiedlicher Unternehmen, auch über Branchengrenzen hinweg, sehr zu wünschen übrig lässt. Deshalb gründete ich, basierend auf einer etablierten virtuellen Businessplattform, zu Beginn des Jahres 2006 ein virtuelles Diskussionsforum und lud die mir bekannten Beschwerdemanagerinnen und Beschwerdemanager zum dortigem Gedankenaustausch ein. So bildete sich schnell eine Gruppe von etwa 50 Personen aus den unterschiedlichsten Branchen. Jedoch wollte die Diskussion nicht richtig „in Gang" kommen, da es aufgrund der Virtualität diverse Bedenken zum ehrlichen Gedankenaustausch mit Beschwerdeabteilungen der Mitbewerber gab.

Als Lösung aus diesem Dilemma gründete sich noch im Jahr 2006 der Arbeitskreis Beschwerdemanagement, dem bis heute die engagiertesten Mitglieder aus der Diskussionsgruppe angehören. Dieser Arbeitskreis trifft sich seitdem regelmäßig reihum im Hause der jeweiligen Unternehmen und diskutiert, abgesichert durch eine Vertraulichkeitsvereinbarung, in sehr offener Form über aktuelle Entwicklungen und Erfahrungen rund um das Thema „Beschwerdemanagement". Aufgrund der Fruchtbarkeit des direkten Gedankenaustausches entstand recht schnell der Wunsch, ein Buch von Beschwerdemanagern für Beschwerdemanagern zu schreiben, welches nur wo unterstützend notwendig auf Theorie eingeht, ansonsten aber langjährige Erfahrungen zusammenstellt und diese mit vielen kurzen Praxis-Tipps abrundet.

Dieses Buch liegt Ihnen hiermit vor.

Was genau ist der Inhalt dieses Buches?

Dieses Buch gliedert sich in die folgenden acht Kapitel, die sich jeweils einzelnen Aspekten des Beschwerdemanagements widmen:

In **Kapitel 1** wird anhand einer Betrachtung der Entwicklung vom Customer-Relationship-Management zum Stakeholder-Relationship-Management abgeleitet, welchen großen Nutzen ein „rund" implementiertes Beschwerdemanagement bei vergleichsweise geringem Aufwand bieten kann.

Kapitel 2 hilft Ihnen bei der Ableitung einer individuellen Beschwerdedefinition und legt dar, wie sich ein Unternehmen Wettbewerbsvorteile durch die richtige Umsetzung und das konsequente „Leben" des Beschwerdemanagements sichert.

Kapitel 3 beleuchtet die Erfolgsfaktoren beim Aufbau eines Beschwerdemanagements, zeigt aber auch, mit welchen typischen Hürden und Hindernissen bei der Implementierung zu rechnen ist.

Kapitel 4 zeigt auf, warum es sinnvoll ist, dass Unternehmen ein Beschwerdemanagement mit Herzblut betreiben und legt dar, wie zum Beispiel die durch eine Beschwerdemanagementabteilung erwirtschafteten Gewinne abgeschätzt werden können.

Kapitel 5 widmet sich gemäß dem Leitsatz „Was man nicht misst, kann man nicht steuern" den im Rahmen des Beschwerdemanagements zu erhebenden Kennzahlen und gibt Tipps für den Aufbau des zugehörigen Reportings.

Kapitel 6 erklärt anhand von acht Bausteinen, wie ein Beschwerdemanager, der keine Beschwerdemanagementabteilung „auf der grünen Wiese" aufbauen kann, ein bereits eingeführtes Beschwerdemanagement modernisiert und optimiert.

Kapitel 7 beschäftigt sich mit dem Mitarbeiter im Beschwerdemanagement und gibt Tipps, auf welche Persönlichkeitsmerkmale und Skills man beim Zusammenstellen seines Beschwerdemanagementteams achten sollte. Weiterhin wird erläutert, wie diese Fähigkeiten durch Schulungen trainiert und weiter ausgebaut werden können.

Kapitel 8 widmet sich der Frage „Wie erkennt man, was der Kunde wirklich will?" und zeigt Wege auf, wie zum Beispiel durch Kundenbefragungen wirkliche Verbesserungen für das Unternehmen und den Kunden erzielt werden können.

Danke

An dieser Stelle möchte ich allen danken, die die Entstehung dieses Buches erst möglich gemacht haben. Allen voran den Mitgliedern des Arbeitskreises Beschwerdemanagement, die durch zahlreiche Diskussionen den Input lieferten und ganz besonders den Autoren dieses Buches. In persona: Uwe Becker, Holger Brachetti, Astrid Eder, Aroon Nagersheth, Fred Niefind und Andreas Wiegran.

Sagen Sie mir Ihre Meinung!

Ihre Meinung ist mir wichtig! Deshalb bitte ich Sie bereits hier am Anfang des Buches um selbige. Beschwerden, Ideen oder Anregungen zum Gedankenaustausch senden Sie bitte gerne an info@beschwerdemanagement-buch.de.

Neuigkeiten rund um die Autoren und den Arbeitskreis Beschwerdemanagement finden Sie unter www.beschwerdemanagement-buch.de.

Ich freue mich auf einen interessanten Gedankenaustausch, wünsche Ihnen viel Freude beim Lesen dieses Buches und verbleibe

mit freundlichen Grüßen aus Remscheid-Lennep   Dr. Oliver Ratajczak

Inhaltsverzeichnis

Übersicht der Praxis-Tipps

Warum ist Beschwerdemanagement so wichtig?

Oliver Ratajczak

1. Hintergrund

Jeder erinnert sich wohl noch an Presseartikel und Bücher mit Titeln wie „Servicewüste Deutschland" und „Ist der Kunde wirklich König?", die die Diskussion rund um die Wichtigkeit „des Kunden" immer wieder anheizten. Kaum ein Unternehmen verkündete nicht im Rahmen von Jahresberichten und Statements des obersten Managements, dass man nun erkannt habe, dass „der Kunde" das Maß aller Dinge sei und man sich nun vollkommen auf diesen konzentrieren werde. Wie oft war zu hören, dass man nun ein „Customer-Relationship-Management-System (CRM) einführen werde, um so den Kunden vollkommen zufrieden stellen zu können? Nachdem nun einige Jahre ins Land gegangen sind: Wie ergeht es uns jetzt als Kunden? Sind wir die wahren Könige oder leben wir immer noch in einer Servicewüste? Haben millionenschwere CRM-Systeme dazu geführt, dass sich alle Kunden bei „ihren" Unternehmen gut aufgehoben fühlen und somit nie auf die Idee kommen würden, zum Wettbewerb abzuwandern? Gelingt es allen Unternehmen Produkte zu entwickeln und anzubieten, die genau die Kundenwünsche befriedigen und den Kunden begeistern, weil man nun dank eines CRM-Systems exakt weiß, was „der Kunde" wünscht?

Oder haben sich die CRM-Investitionen nicht gelohnt? Sind etwa alle nur einem Hype aufgesessen, der mehr versprochen hat, als er halten konnte?

2. Wird ein CRM installiert und funktioniert es dann?

Schauen wir uns einmal an, wie „damals" die klassische „Ausrichtung auf den Kunden" vorangetrieben wurde.

Großunternehmen verfügten über sehr viele, häufig nahezu völlig voneinander unabhängige, Stellen mit Kundenkontakt, wie diverse Callcenter und Filialen. Hatte ein Kunde ein Problem und wandte sich an einen Ansprechpartner in der Filiale, so blieb ihm, wenn ihm dort nicht geholfen wurde, der telefonische Kontaktversuch. Bei jedem erneuten Anruf bzw. Filialbesuch musste er seine gesamte „Leidensgeschichte" erneut artikulieren, um den Mitarbeiter, wieder ohne Kenntnis der Vorgeschichte, mit seiner Problemlösung zu betrauen. Viele Unternehmen investierten in „den Kunden" und in CRM und führten teilweise recht komplexe CRM-Systeme ein. Dies geschah immer im Hinblick darauf, dass man den Kunden immer besser bedienen bzw. ihm mehr verkaufen könne, wenn man möglichst viel über „ihn" wisse.

Was hierbei häufig übersehen wurde, war allerdings die Tatsache, dass CRM eben mehr eine Ideologie als die bloße Einführung einer Software ist. Scheinbar wurde vielen Unternehmen erst im Rahmen der CRM-Einführungsprojekte bewusst, wie viele Abteilungen bzw. Personen Kontakt zum Kunden haben. Selten ließen sich die Kunden dabei vorschreiben nur über einen gezielt kommunizierten Kommunikationsweg Kontakt zum Unternehmen aufzunehmen, um ihre Bestellungen aufzugeben, Produktfragen zu äußern oder ihre Beschwerden zu artikulieren. Schnell stellte man fest, wie aufwändig es sein konnte, ausnahmslos alle Mitarbeiter mit Kundenkontakt mit der Erfassung eben dieser Kontakte im CRM-System zu betrauen. Der ursprünglich mit der Einführung dieser Systeme in Aussicht gestellte 360-Grad-Blick auf den Kunden wurde immer mehr eingeschränkt, verursacht durch zahlreiche Kompromisse zwischen den möglichen Kosten zur Anbindung aller Mitarbeiter mit Kundenkontakt und teilweise recht beschränkenden technischen Hürden. Aufgrund vieler dieser Kompromisse wurden häufig CRM-Systeme parallel, teilweise mit abenteuerlichen Synchronisationsmechanismen, zu Bestandsführungs- bzw. Enterprise Ressource Planning-Systemen (ERP; eine komplexe Anwendungssoftware zur Unterstützung der Ressourcenplanung eines gesamten Unternehmens) eingeführt, die von Callcenter-Agenten zusätzlich zu den Tools der täglichen Arbeit bedient werden mussten. Teilweise wurden Schnittstellen zu historisch gewachsenen Systemen, die ebenfalls Kundendaten enthielten, aufgrund von Kostenersparnissen nie realisiert. Das ursprünglich ausgerufene Ziel des 360-Grad-Blickes auf den gläsernen Kunden rückte so immer mehr in weite Ferne. Schon bald sprangen große ERP-Softwareanbieter auf den „CRM-Zug" auf und verkündeten, dass die neue Version ihrer Software bereits ein CRM-Modul beinhalte.

Bei der ganzen Diskussion rund um das Hype-Thema „CRM" wurde ganz aus dem Auge verloren, dass CRM eben keine Software ist, die man einfach installiert, um ein im Sinne des CRM geführtes Unternehmen zu haben. CRM ist viel eher eine Managementphilosophie, die den Kunden in den Mittelpunkt des Handelns stellt. Nur welches Handeln ist damit gemeint? Die Formulierung der Kundenausrichtung in Jahresberichten? Die Betonung eines neuen CRM-Gedankens in Vorstandsinterviews?

Wenn jeder Mitarbeiter eines Unternehmens versteht, dass sein Gehalt eben nicht vom Vorgesetzten bezahlt wird, sondern das zur Gehaltszahlung benötigte Geld, zugegebenermaßen recht indirekt, vom Kunden kommt, ist der Grundstein für ein Umdenken gelegt. Dies ist ein langwieriger Prozess, der deutlich mehr Investitionen in Menschen als in Software bedeuten kann.

Die Frage, ob man CRM einfach installieren kann, damit „es läuft", kann somit ganz einfach mit „nein" beantwortet werden. Denn kein noch so ausgefeiltes CRM-System wird den gewünschten Effekt des Sammelns aller Informationen über „den Kunden" haben, wenn der Mitarbeiter, der eben diese Eingaben machen muss, den Vorteil nicht erkennt bzw. durch andere Zielvorgaben anders gesteuert wird. So hat kein Callcenter-Agent ein Interesse daran, das Problem eines Kunden erschöpfend und zu seiner vollständigen Zufriedenheit zu lösen, wenn in seinen Zielen falsche Kennzahlen, wie die folgenden stehen:

- Der Großteil der Telefonate darf nur XX Sekunden dauern.

- Pro Stunde müssen mindestens YY Anrufe angenommen werden.

- Die Nachbearbeitungszeit jedes Gesprächs darf nur ZZ Sekunden dauern.

Aufgrund der häufig völlig falsch verstandenen CRM-Einführung kam es sogar dazu, dass extrem sensible Callcenter, die zum Beispiel für die Beschwerdebearbeitung eingesetzt wurden, an externe Dienstleister outgesourced wurden. Wie wahrscheinlich ist es, dass ein Callcenter-Agent mit Leidenschaft bei der Sache ist, wenn er nicht nur die oben erwähnten Kennzahlen im Nacken hat, sondern sich auch noch lediglich als „Bediener" eines allheilbringenden CRM-Systems betrachten muss?

Fazit: Ein CRM-System kann im Hinblick auf das Verständnis für seine Kunden sehr gute Dienste leisten, allerdings stehen und fallen diese Ergebnisse mit dem Engagement und der Unternehmensverbundenheit derjenigen Personen, die die Eingaben machen. Auch hier gilt wieder das alte Axiom der Informatik: „Garbage in, garbage out", welches besagt, dass eben das zu erwartende Ergebnis eines Systems stark von den Eingaben abhängt.

3. Verspricht nun der Stakeholder-Relationship-Management-Ansatz Erfolg?

Kaum hatten viele Unternehmen große Summen in CRM und die zugehörigen Systeme investiert, ohne den gewünschten Effekt einer Umsatzerhöhung zu erzielen, wurden neue Theorien laut. So zum Beispiel das im Folgenden näher beschriebene Stakeholder-Relationship-Management (SRM), das versucht, das Unternehmen in seinem gesamten sozialökonomischen Kontext zu erfassen.

Im Gegensatz zum Customer-Relationship-Management, welches den Kunden in den Mittelpunkt des Handelns stellt, beruht das Stakeholder-Relationship-Management auf dem Ansatz, die Anforderungen aller Stakeholder an das Unternehmen in Einklang zu bringen und somit sein Handeln gleichzeitig auf alle Stakeholder auszurichten. Häufig werden hier als Stakeholder die folgenden in Betracht gezogen:

- Shareholder
- Mitarbeiter
- Kunden
- Lieferanten
- Kapitalmärkte
- Staat
- Natur
- Öffentlichkeit

Betrachtet man nun im Rahmen des Stakeholder-Relationship-Managments alle Anstrengungen eines Unternehmens, die explizit für diese Stakeholdergruppen aufgewendet werden, und trägt diese in einem Netzdiagramm auf, so erhält man die in Abbildung 1 gezeigte Darstellung. Abbildung 1 verdeutlicht die Aufwände des Unternehmens (im Zentrum) zur Ausrichtung auf die jeweiligen Stakeholder. Die beiden Linien stellen ein eher auf die Shareholder (schwarze Linie) und ein eher auf die Kunden (graue Linie) ausgerichtetes Unternehmen dar.

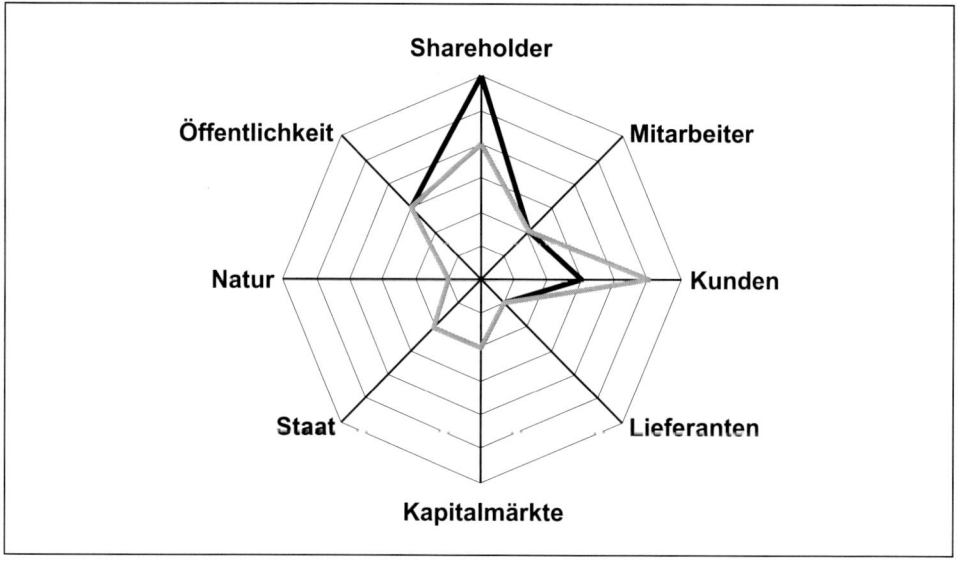

Abbildung 1:   Schematische Darstellung der Aufwandsverteilung eines Unternehmens auf seine Stakeholder

Untersucht man die SRM-Grundidee weiter, so fällt die zu beachtende enorme Vielschichtigkeit auf, da ja jede Person nicht nur als Kunde in einem Verhältnis zum Unternehmen stehen kann, sondern beispielsweise gleichzeitig auch als Mitarbeiter und zusätzlich als Aktionär.

Wenn man nun bedenkt, wie komplex es häufig in einem historisch gewachsenen Unternehmen ist, ein CRM-System aufzusetzen, welches ausnahmslos alle Kundeninformationen in einem System vereint, so erscheint beispielsweise die softwaretechnische Umsetzung des SRM-Gedankens nahezu aussichtslos. Wie viele Schnittstellen gäbe es hier zu bedienen? Mal ganz abgesehen davon, dass, wie beim CRM-Ansatz, die softwaretechnische Realisierung den geringsten Teil der Umsetzung darstellt und der deutlich größte Teil der Aufwände in die Menschen, Köpfe und Mitarbeiter zu investieren ist.

Fazit: Die Erweiterung des CRM-Ansatzes in Richtung Stakeholder-Relationship-Management scheint somit auch nicht der richtige Weg zum Verständnis für die Bedürfnisse und Wünsche des Kunden zu sein.

4.   Beschwerdemanagement als CRM-Teil liefert die benötigte Sicht auf den Kunden

Der Spruch ist so alt, wie wahr: „Warum in die Ferne schweifen, wenn das Gute liegt so nah?" Da sich das Customer-Relationship-Management (CRM) sowohl den Informationen widmet, die vom Unternehmen in Richtung Kunden transportiert werden (zum Beispiel Mailings), als auch den Informationen, die vom Kunden zum Unternehmen geleitet werden, wie zum Beispiel Bestellungen oder Beschwerden, scheint es gut geeignet, das Verständnis für den Kunden und sein Verhalten zu fördern. Wie bereits abgeleitet, kann der CRM-Ansatz häufig nicht zur Gänze realisiert werden. Was liegt also näher, als sich auf einen sehr wichtigen Teil des Customer Relationship Managements, nämlich das Beschwerdemanagement, zu konzentrieren? Nahezu jedes Unternehmen unterhält ein Beschwerdemanagement, da es häufig schon aufgrund gesetzlicher Vorgaben dazu verpflichtet ist. Natürlich kann ein Beschwerdemanagement, um dem Gesetz zu genügen, seine Aufgaben mehr schlecht als recht umsetzen und sich lediglich der „Abarbeitung" eingehender Beschwerden widmen; jedoch ist es mit – im Vergleich zur Implementierung eines vollständigen CRM, geschweige denn von der Umsetzung des SRM-Gedankens – verhältnismäßig geringem Aufwand möglich, einen deutlichen Mehrwert aus einer bewussten Umsetzung eines Beschwerdemanagements zu ziehen. Obwohl das Beschwerdemanagement lediglich ein kleiner CRM-Teil im Streben und Ringen um die Gunst des Kunden ist, so ist dessen Umsetzung trotzdem so vielschichtig und komplex, dass es eines neuen Buches bedarf, das Ihnen hiermit vorliegt.

Fazit: Es ist mehr als sinnvoll, sich mit vollem Engagement der Implementierung und Weiterentwicklung seines Beschwerdemanagements zu widmen, da so nicht nur das Verständnis für das Kundenverhalten und Kundenwünsche gefördert werden, sondern faktisch auch monetäre Gewinne erzielt werden können.

Was sind Beschwerden?

Fred Niefind / Andreas Wiegran

1.   Vorbemerkung

Definitionen, was Beschwerden sind, gibt es viele. Daher wird an dieser Stelle der Versuch einer erneuten Definition gar nicht erst gestartet. Vielmehr wenden wir uns der überaus interessanten Frage zu, aus welchen Gründen es diese vielen, teilweise aufeinander aufbauenden, teilweise recht abstrakten und teilweise sehr individuellen Definitionen gibt.

Zum einen ist da die Wissenschaft, die zur genauen Abgrenzung ihrer Forschungsumfänge auch entsprechende Definitionen benötigt; zum anderen ist da der operative Prozess des Beschwerdemanagements (siehe Kapitel „Wie sollte die Ablauforgnaisation des Beschwerdemanagements aussehen?"). Eben dieser Bearbeitungsprozess bedarf neben einem Prozessablaufplan auch einer Definition. Ohne diese Definition wüssten die Bearbeiter doch gar nicht, wann eine Kundenreaktion als Beschwerde einzustufen und somit gemäß dem gewollten Ablaufprozess zu bearbeiten ist.

Die Erfahrung der Autoren zeigt jedoch, dass die internen Definitionen von Beschwerden in den eigenen Unternehmen nicht immer allen Mitarbeitern bekannt sind. Dieses hat verschiedene Gründe. So werden zum Beispiel bei der Erstellung von Arbeitsablaufbeschreibungen Definitionen aus der Theorie aufgenommen, um erst einmal überhaupt eine Definition zu haben. Diese Definition wird dann als „vorläufig" eingestuft, daher im Regelfall auch nicht kommuniziert und im weiteren Verlauf „vergessen", da man ja das Thema bearbeitet hat. Bei einer eventuellen Ausgliederung der operativen Bearbeitung an einen Dienstleister wird dann das Thema Definition meistens ebenfalls nur noch peripher (wenn überhaupt) angesprochen. Dies führt letztendlich dazu, dass die Erstkontaktmitarbeiter meistens aus der Praxis heraus selbst ein Gefühl für die jeweiligen Beschwerdesituationen entwickeln müssen. Aus diesem Grund ist die kontinuierliche Schulung des operativen Bereiches eine wichtige Aufgabe der Steuerung eines funktionierenden Beschwerdemanagements. Ein Beschwerdemanagement, das diesen Schulungsbedarf erkennt und auch direkt umzusetzen versteht, ist daher in den meisten Fällen glänzend aufgestellt.

2.   Individuelle, zielgerichtete Definition des Beschwerdebegriffes

Um also in der Beschwerdeanalyse das gewollte Zielgebiet genau auswerten zu können, muss jedes Unternehmen für sich selbst erst einmal definieren, was es als Beschwerde wertet. Diese Definition bildet die Grundlage für die Erfassung. Daher sind vor allem die Erstkontaktmitarbeiter entsprechend kontinuierlich zu schulen. Alle anderen, nicht von der Beschwerdedefinition umfassten Kundenreaktionen und -äußerungen sind grundsätzlich außerhalb des Beschwerdemanagements zu bearbeiten. Um aber auch das nicht unter die Beschwerdedefinition fallende Kundenfeedback kontinuierlich auszuwerten, ist dieses in einem eventuell vorhandenen Kundenkontaktprogramm separat zu erfassen.

Zur Bestimmung des Definitionsumfangs bieten sich unterschiedliche Methoden an. Diese können in Form von Mitarbeiterbefragungen erfolgen oder auch direkt in einem Workshop erarbeitet werden. Gleichfalls sind die historisch gewachsenen Bestandteile des Beschwerdemanagements zu berücksichtigen. Der Weg der kleinen Schritte und kleinen Veränderungen hilft, bereits gemachte Schritte, die sich in der Praxis aber als wenig sinnvoll erweisen, auch mal „rückwärts" zu gehen. So werden Fehlinvestitionen vermieden.

Praxis-Tipp: Die Beschwerdedefinition

Als verantwortungsbewusster Beschwerdemanager bezieht man die Mitarbeiter in den Erstellungsprozess der Beschwerdedefinition mit ein. Im Optimalfall sollten Vertriebsmitarbeiter in dem Verhältnis eingebunden werden, wie es dem Verhältnis der Vertriebs- zu den Betriebsmitarbeitern im Unternehmen entspricht. Denn bedenken Sie bitte: Ihre (Vertriebs)Mitarbeiter sind im Regelfall Ihr wertvollster Beschwerdekanal – kennen sie ihre Kunden doch am besten. Auch muss mindestens ein Mitglied der ersten Führungsebene in den Erstellungsprozess eingebunden sein. Eine noch höhere Akzeptanz bei den Mitarbeitern wird erreicht, wenn der Geschäftsführer direkt das Beschwerdemanagement „lebt". So kann er zum Beispiel derjenige sein, der eine Umstrukturierung des Beschwerdemanagements auf einer Roadshow oder Mitarbeiterveranstaltung vorstellt. Denn nur so kann mit der Verabschiedung der Definition eine umfassende Akzeptanz, die (zunächst) keinen Widerspruch zulassen darf, erreicht werden. Bei notwendigen Anpassungen wegen geänderter Rahmenbedingungen ist ebenso zu verfahren.

Damit allen Mitarbeitern genau nahe gebracht wird, was in ihrem Unternehmen als Beschwerde anzusehen ist, ist eine unternehmensindividuelle Definition zunächst einmal unerlässlich. Dabei empfiehlt es sich, die verbale Definition um eine bildhafte zu ergänzen. Wie schon der Volksmund sagt: Ein Bild sagt mehr als tausend Worte. Der angenehme Nebeneffekt ist dabei die bessere Einprägsamkeit. Schauen Sie sich einmal die folgende verbale Definition und die bildhafte Ergänzung an und entscheiden Sie selbst, ob Sie im Rahmen Ihrer internen Kommunikation zum Beschwerdemanagement einen guten oder einen richtig guten Schritt machen wollen. Bitte beachten Sie jedoch, dass das Thema Beschwerden so breit gefächert ist, dass auch jede noch so gute Definition nicht das gesamte Themengebiet abdecken kann.

Beispieldefinition

„In unserem Hause werden sämtliche Kundenreaktionen, die die Unzufriedenheit eines Kunden zum Ausdruck bringen und/oder mit der Androhung des Einschaltens dritter Stellen (insbesondere Presse, Rechtsanwalt oder Aufsichtsbehörde) einhergehen, als Beschwerde angesehen und sind im Rahmen des Beschwerdemanagementprozesses zu bearbeiten."

Hier haben wir also eine kurze, knappe Definition. Aber ist sie auch einprägsam und vor allem präzise bzw. widerspruchsfrei? Schließlich gibt es eine „und/oder"-Variante, die sicher zu der einen oder anderen Rückfrage führen wird. Durch derartige (gewollte?) Rückfragen können Sie aber auch erkennen, wenn Erstkontaktmitarbeiter ein Gefühl für die jeweiligen Situationen durch die tägliche Arbeit und Umgang mit Kundenanliegen erst noch „erlernen" müssen.

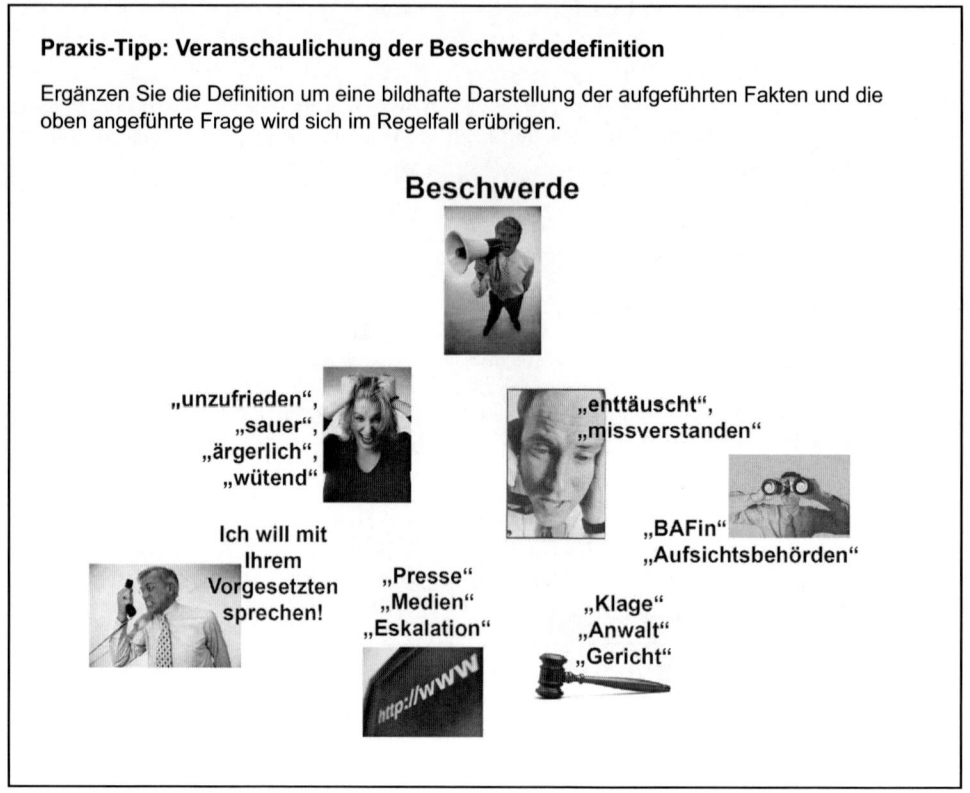

Abbildung 2:   Bildhafte Darstellung einer Beschwerdedefinition

Eine derart bildliche Darstellung kann man auch sehr schön als Comic verarbeiten und so einzelne Bereiche noch detaillierter aufbereiten. Die Mitarbeiter werden es danken, denn nach einmaligem Lesen mit dem dazugehörigen Bild reicht im Regelfall künftig die alleinige Betrachtung des Bildes, um sich des Informationsinhaltes wieder vollends bewusst zu werden. Sie werden sehen, dass der Mix der oben angeführten Hilfestellungen schnell zum Erfolg führen wird. Denn nur wer Beschwerden korrekt erkennt, kann diese auch korrekt erfassen. Und die Erfassung der Grundgesamtheit der Beschwerden und ihres individuellen Informationsgehaltes ist die Basis aller weiteren Vorgänge des Beschwerdemanagements. So sind insbesondere die indirekten Beschwerdemanagementprozesse, also die Prozesse, die der Kunde nicht „sieht", wie zum Beispiel Analyse der Beschwerdeinformationen, Controlling und Reporting, auf diese Grundgesamtheit angewiesen. Nähere Einzelheiten hierzu finden Sie im Kapitel „Welche Kennzahlen sind im Beschwerdemanagement besonders interessant?".

3. Wie wird die Beschwerdedefinition von den Mitarbeitern verstanden?

Wie kann man nun aber feststellen, ob die Mitarbeiter auch aufgrund der kommunizierten Definition tatsächlich erkennen, ob es sich bei einer Kundenreaktion um eine definierte Beschwerde handelt? Um zu überprüfen, wie die Definition bei den Mitarbeitern angekommen ist, bietet sich ein NAT, ein NutzerAkzeptanzTest, an. Für einen solchen Test werden Situationen beschrieben, die von den Mitarbeitern, die diesen Test durchführen, klar kategorisiert werden müssen. Der Mitarbeiter muss also entscheiden, ob die beschriebene Situation tatsächlich eine Beschwerde gemäß der zuvor veröffentlichten Definition darstellt. Diesen Test kann man auch dahingehend verfeinern, dass der Mitarbeiter, sofern er die Situation als Beschwerde einstuft, diese in ebenfalls zuvor definierte und kommunizierte Beschwerdekategorien einordnen und dem dafür gewollten Bearbeitungskanal zuordnen soll. Das Ergebnis dieses Testes gibt dann darüber Aufschluss, in welchem Grad die Definition eindeutig und widerspruchsfrei ist, ob die Mitarbeiter die gewollte weitere Vorgehensweise kennen und die Beschwerde auch dementsprechend richtig kanalisieren. Entscheidet man sich für ein derartiges Vorgehen, ist ein Akzeptanztest zum Beispiel in Schulungen für neue Mitarbeiter zu integrieren, um nachhaltig dieses Wissen aufrecht zu halten und in regelmäßigen Abständen zu wiederholen. Die Frequenz sollte dabei von der Unternehmensgröße und der Mitarbeiterfluktuation abhängig gemacht werden. Ein Zeitraum von maximal 18 bis 24 Monaten zwischen den Schulungen sollte allerdings nicht überschritten werden.

Zusätzlich kann im Rahmen des Beschwerdemanagements eine nachgelagerte Qualitätskontrolle durch einen „Voicemanager" stattfinden. Dieser Voicemanager hat die Aufgabe, wie es der Name schon sagt, die Stimme des Kunden aufzufangen und zu kontrollieren, ob Kundenanfragen korrekt erfasst worden sind. Zusätzlich kann er auch den Grund der Beschwerde auf Detailgründe im Customer Relationship Management herunterbrechen und somit eine noch genauere Datenanalyse für den Beschwerdemanager gewährleisten.

Darüber hinaus hat die Beschwerdedefinition auch eine Filterfunktion. Hiermit kann gesteuert werden, ob Informationsanfragen oder Aufträge mit kritischem Hintergrund von Anfang an durch das Beschwerdemanagement zu bearbeiten sind oder ob sie zunächst „nur" eine Information zur Kenntnis enthalten, die zum Beispiel in eine Schwachstellenanalyse einfließen könnte.

Für die zuvor angeführte Beschwerdedefinition würde eine Liste mit Schlagworten, die klar die Weitergabe der Kundenreaktion an das Beschwerdemanagement regelt, so aussehen:

■ Sofern der Kunde erregt wirkt und die folgenden Worte nutzt:

- – Anwalt
- – Klage
- – Gericht
- – Bundesanstalt für Finanzdienstleistungsaufsicht
- – Presse
- – Medien einschalten
- – Eskalation
- – Vorgesetzten sprechen

■ oder äußert, dass er:

- – enttäuscht
- – missverstanden
- – unzufrieden
- – sauer
- – ärgerlich
- – wütend

ist, ist die Kundenreaktion an das Beschwerdemanagement weiterzuleiten.

4.   Warum und wie beschweren sich Kunden?

Im Regelfall möchte ein Kunde, der sich über einen Sachverhalt beschwert, eine Änderung erreichen. Er will also darauf aufmerksam machen, dass eine Leistung nicht in dem von ihm erwarteten Umfang oder der erwarteten Qualität erbracht wurde. So gibt er dem Unternehmen die Chance, die erbrachte Leistung nachzubessern und die Leistung künftig so zu verändern, dass Umfang und Qualität mit dem Kundenwunsch im Einklang stehen. Dieses ist im Grunde auch genau das, was das Beschwerdemanagement will. In verschiedenen Unternehmen funktioniert zwar eine nahezu perfekte Abarbeitung von Beschwerden. Der Kern des Beschwerdemanagement, nämlich dass hinter den Beschwerden Ursachen und Gründe stehen, die abzustellen sind, wird aber oftmals leider vernachlässigt. Aber nur über diesen Weg lässt sich eine Unternehmung nachhaltig und kontinuierlich verbessern.

Somit stellen Beschwerdekunden eine für jedes Unternehmen sehr wertvolle „Kundengruppe" dar. Wir sollten sie als kostenlose Unternehmensberater ansehen und ihnen daher auch eine hohe Wertschätzung entgegenbringen. Denn anstatt sich wortlos anderen Anbietern zuzuwenden, decken sie durch ihre aktive (Beschwerde)Kommunikation Schwachstellen im Produktions- oder Leistungserbringungsprozess auf. Wird die Erwartung, dass der Beschwerdegrund abgestellt wird und nachhaltig nicht mehr auftritt, erfüllt, wird der Beschwerdekunde zu einem zufriedenen Kunden und im Regelfall zu einem guten Multiplikator in Bezug auf Weiterempfehlung des Unternehmens. So wird die Ertragsseite gestärkt und interne Prozesse und Qualifikationen werden optimal auf den Markt ausgerichtet. Damit wird der Beschwerdekunde zu dem oben angeführten, sehr günstigen Unternehmensberater. In diesem Zusammenhang weisen wir jedoch darauf hin, dass es gerade beim großen Thema „Geld" immer wieder zu Beschwerden kommen wird, die nur schwer zu behandeln sind. So lassen sich Beschwerden über zu teure Bezugspreise im Energiesektor oder zu niedrige oder hohe Zinsen im Bankenbereich wohl nie abstellen. Probates Mittel ist hier aber eine nachvollziehbare und freundliche Aufklärung der Kunden, die ihnen das Wahrgenommene gut erläutert. Als erfahrener Beschwerdemanager werden Sie auch schnell erkennen, ob und warum es zu Folgebeschwerden, also Beschwerden über „abgeschlossen geglaubte" Beschwerdevorgänge mit immer noch gleichem Sachverhalt, in diesen Bereichen kommt.

Beschwerden werden von den Kunden auf die unterschiedlichsten Arten an die Unternehmen gerichtet. Dabei werden die telefonische oder schriftliche Beschwerde per Brief oder E-Mail bevorzugt. Die Erfahrung hat gezeigt, dass die meisten Kunden schon allein mit der Wahl des Kontaktweges Erwartungen an die Beantwortung stellen. So möchte ein Beschwerdekunde, der zum Telefon greift, neben einer schnellen Bearbeitung auch in Erfahrung bringen, in wieweit das Unternehmen (vertreten durch den aufnehmenden Mitarbeiter) Anteilnahme an seiner Situation zeigt. Ein Kunde, der das Medium E-Mail nutzt, möchte vor allem eine schnelle Reaktion, während der Briefschreiber im Regelfall etwas Nachvollziehbares in den Händen halten will. Die Erwartungshaltung ist allerdings stark vom Kulturkreis geprägt. So wird beispielsweise in China in etwa sechs Stunden eine Antwort auf eine E-Mail erwartet, während es in Westeuropa eher (noch) 24 Stunden sind.

So unterschiedlich die Motivationen der Kunden für die Wahl des Kontaktkanals auch sein mögen: Stellen Sie grundsätzlich eine schnellstmögliche Kontaktaufnahme zum Beschwerdeführer sicher. Hierbei sollten Sie natürlich nicht die Kostenseite aus dem Auge verlieren. Sicherlich ist es schwierig, die genauen Kosten einer Beschwerdebearbeitung individuell zu ermitteln. Hieran scheitert unseres Erachtens schon die Theorie. Dennoch sollte es jedem klar sein, dass eine Beantwortung eines Briefes über den gleichen Kanal am kostenintensivsten ist. In einigen Unternehmen, die die Autoren kennengelernt haben, wurde die Philosophie vertreten, dass die Antwort immer über den gleichen Kanal erfolgen sollte, über den das Anliegen die Unternehmung erreicht hat. Unseres Erachtens ist ein solches Vorgehen als pauschale Methode nicht kundenfreundlich genug. Auch hier ist die Erfahrung des operativen Mitarbeiters gefragt. Er sollte die Freiheit haben, die Antwort so zu kanalisieren, wie er es am kundenfreundlichsten sieht. Individuelle Wünsche des Kunden sind hierbei selbstverständlich zu beachten.

Praxis-Tipp: Favorisieren Sie einen Antwortkanal

Egal auf welchem Weg Sie eine Beschwerde erreicht, bevorzugen Sie grundsätzlich einen Ih-ren Unternehmensabläufen und -auftritt angemessenen Antwortweg. Sollte dies eine (ab-schließende) telefonische Antwort sein, fragen Sie den Kunden zum Abschluss grundsätzlich, ob er mit der Klärung auf diesem Wege einverstanden ist oder ob er (zusätzlich) eine schriftli-che Antwort benötigt.

---

5. Vorurteile zu Beschwerden

Wer kennt sie nicht, die vielen „tollen Aussagen" zum Thema Beschwerde, die die Kollegen so von sich geben? Schauen wir uns doch einige einmal etwas genauer an. Dabei werden drei „Aussagen" beispielhaft als Annahmen dargestellt, denn dass es Annahmen sind, wird die darauf folgende Richtigstellung und Begründung verdeutlichen:

1. Annahme:

„Wir haben doch kaum Beschwerden, also sind unsere Kunden sehr zufrieden."

Richtigstellung:

Das stimmt nur sehr bedingt, denn aus einer niedrigen Beschwerdeanzahl lässt sich keine belastbare Annahme für eine hohe Kundenzufriedenheit ableiten.

Begründung:

Kunden könnten ohne Beschwerde abwandern und sich anderen Anbietern zuwenden. Daher sind bei einer solchen Behauptung immer die Kundenfluktuation und der Produktabsatz zu hinterfragen. Nur bei stabilem Absatz und einer hohen durchschnittlichen Kundenverweil-dauer im Unternehmen ist die Korrektheit der zuvor genannten Annahme wahrscheinlich – aber immer noch nicht bewiesen. Des Weiteren besteht die Möglichkeit, dass die Erstkon-taktmitarbeiter Beschwerden aus Unwissenheit oder nicht technischer Umsetzbarkeit schlicht und einfach nicht als Beschwerden erfassen. Auch ist es möglich, dass dem Kunden keinerlei Möglichkeit gegeben wird, seine Beschwerde an das Unternehmen zu richten. Entsprechende Stimulierungen können durch eine dosierte Öffnung der Beschwerdekanäle erreicht werden.

2. Annahme:

„Die Anzahl der eingehenden Beschwerden ist zu minimieren."

Richtigstellung:

Nicht die Anzahl der eingehenden Beschwerden, sondern die Beschwerdeursachen sind zu minimieren.

Begründung:

Nur eine nachhaltige, kundenorientierte Optimierung der Prozesse, die Anlass zur Beschwerde geben, kann Kundenzufriedenheit erzeugen. Um diese Beschwerdegründe aber umfassend zu erhalten, ist eine aktive Beschwerdestimulierung erforderlich. Denn der beste Weg zu einer kundenorientierten Unternehmenskultur führt über ein erhöhtes Beschwerdeaufkommen zu einer besseren Schwachstellenanalyse und somit zur zielgerichteten Prozessoptimierung. Hierbei ist zu beachten, dass aus Unternehmenssicht berechtigte Beschwerdegründe im Idealfall nur einmal auftreten, da sie bereits nach dem ersten Auftritt im Rahmen von Verbesserungsmaßnahmen beseitigt sein sollten. Eine aktive Beschwerdestimulierung verhindert, dass Kunden schweigen und abwandern; vielmehr führt sie zu einer optimalen (Beschwerde-) Kommunikation. Daraus folgt: Die Beschwerdeanzahl ist nicht zu minimieren, sondern zu optimieren.

> **3. Annahme:**
>
> „Beschwerdekunden sind doch überwiegend nur Querulanten, die dem Unternehmen Zeit und Geld kosten. Sie sind als Gegner zu betrachten."

Richtigstellung I:

Die „ewigen Nörgler und Querulanten" unter den Beschwerdekunden sind eine zu vernachlässigende Größe. Tatsächlich stellen sie nur einen sehr geringen Teil der Beschwerdekunden dar und sind meistens „auf den ersten Blick" bereits am Stil der Beschwerdeartikulation zu erkennen.

Praxis-Tipp: Auch ein Vertragsende kann eine Alternative sein!

Die Erfahrung zeigt, dass es manchmal günstiger ist, sich von den Kunden zu trennen, denen Sie es wohl nie recht machen können. Denn auch das beste Beschwerdemanagement wird diese Kunden nicht zufrieden stellen können. Trauen Sie sich diesen harten aber effizienten Schritt in „Extremfällen" ruhig zu.

Begründung zu I:

Es gibt leider kaum verlässliche Zahlen, da es keine allgemeingültige, klare Definition oder Identifikationsmerkmale für „Nörgler und Querulanten" gibt. Aber es gibt nicht zu vernachlässigende Studien, die vor einer Überbewertung warnen, Kunden als „Nörgler und Querulanten" anzusehen. Grundsätzlich sollten Beschwerden als berechtigtes Anliegen des Kunden betrachtet werden. Zum Schutz gegen eine mögliche Vorteilsnahme von Personen, die sich selbst unberechtigt auf Kosten des Unternehmens einen Vorteil verschaffen wollen, ist eine Analyse der Beschwerdeinformationen vorzunehmen, die derart gelagerte Fälle verlässlich identifizieren kann.

Richtigstellung II:

Zeit kostet die Beschwerdebearbeitung in der Tat, aber es ist eine wertvolle Investition, denn Beschwerden führen zu Chancen auf Absatzverbesserung und damit verbundene Gewinne. Nur die Vernachlässigung von Beschwerden führt gesichert <u>nicht</u> zur Erlös- und Gewinnverbesserung.

Begründung zu II:

Die Kosten eines Beschwerdemanagements sind gegen einen erzielten Nutzen zu rechnen. Denn Beschwerden enthalten Informationen, die dazu beitragen, Fehler konkret zu identifizieren und abzustellen. Die so entstehende kontinuierliche Verbesserung stärkt die Kundenorientierung des Unternehmens und verbessert so Produktabsatz und Kundenverweildauer. Dadurch wird eine langfristig gute Ertragslage gesichert unterstützt.

Richtigstellung III:

Beschwerdekunden wollen nichts Böses, daher sind sie als Partner zu betrachten und nicht als Angreifer.

Begründung zu III.

Der Aberglaube, dass Beschwerdekunden Gegner des Unternehmens sind, hat seine Wurzel vermutlich in der Annahme, dass sie ein reiner Kostenfaktor sind. Die vorstehende Begründung hat dies aber bereits widerlegt. Insofern ist ein Gegenangriff als Reaktion auf eine Beschwerde eine grundsätzlich falsche Geisteshaltung. Es ist immer zu bedenken, dass ein Beschwerdekunde im Regelfall aktueller Kunde des Unternehmens ist und auch bleiben soll oder zukünftiger Kunde des Unternehmens werden kann. Als Kunde hat er ein Anrecht darauf, seine Ansichten und Wünsche hinsichtlich einer Geschäftsbeziehung zu äußern. Damit zeigt er wahres Interesse an der Geschäftbeziehung und deren Fortsetzung. Wir sollten daher jedem Beschwerdeführer partnerschaftlich begegnen, da er durch seine Äußerungen zu einer kontinuierlichen Verbesserung unserer Produkte und Dienstleistungen sowie einer permanenten Prozessverbesserung beiträgt.

6. Beschwerdeforen im Internet – die neue „Öffentlichkeit"

Durch die immer mehr in Anspruch genommene Möglichkeit, Beschwerden für alle Nutzer des Internet öffentlich lesbar zu machen, erhalten Beschwerden eine neue Brisanz. Dieser Herausforderung stellen sich Unternehmen auf unterschiedliche Art und Weise. Zum einen gibt es Unternehmen, die mit öffentlichen Meinungsäußerungen im Internet sehr gut umgehen und diese sogar fördern, zum anderen stehen viele Unternehmen dem (den medialen Möglichkeiten angepassten) öffentlichen Beschwerdeverhalten aber auch sehr skeptisch gegenüber.

Im Allgemeinen hat der „juristische Rat" des Rechtsberaters bzw. des für die Öffentlichkeitsarbeit zuständigen Mitarbeiters eines Unternehmens einen großen Einfluss darauf, ob sich das Unternehmen einer öffentlichen Beschwerdekommunikation öffnet oder dies eben nicht tut. Denn der „Macht", die eine öffentliche Beschwerdekommunikation mit sich bringt, sind sich nicht nur die Kunden bewusst. Viele Unternehmen tendieren dennoch dazu, die Öffentlichkeit „außen vor" zu lassen, auch wenn sie von entsprechenden Meinungsäußerungen auf öffentlichen Plattformen durchaus Kenntnis haben. Ob dies sinnvoll ist oder ein proaktiver Umgang mit einer öffentlichen Antwort den besseren Weg darstellt, ist sicher von Einzelfall zu Einzelfall und Unternehmen zu Unternehmen unterschiedlich zu bewerten. Wichtig erscheint es jedoch, sich mit der Möglichkeit wenigstens auseinanderzusetzen, um sich seiner (Nicht)Handlung bewusst zu sein.

Die Beweggründe, warum Kunden im Internet ihre Meinung auf öffentlichen Plattformen kundtun, können allerdings von den in diesem Kapitel genannten abweichend sein. In erster Linie geht es bei dieser Art der Beschwerdeartikulation darum, andere Kunden vor ähnlich gelagerten Problemen oder gar einer Geschäftverbindung mit bestimmten Unternehmen zu warnen. Da dieses aber einen starken Einfluss auf die (Wieder)Kaufbereitschaft potenzieller Kunden nehmen kann, vor allem der Kunden, die bisher keine negativen Erfahrungen mit dem Unternehmen gemacht haben, sind diese Kommunikationsplattformen für ein Unternehmen extrem relevant.

Folgende Vorgehensmöglichkeiten sollten in Ihrem Unternehmen diskutiert und möglichst unternehmenseinheitlich abgestimmt sein oder werden:

Möglichkeit 1: Öffentliche Beschwerden nicht beachten

Bei Unternehmen, die es zu ihrer Unternehmenspolitik erklärt haben, auf öffentliche Beschwerden nicht zu reagieren, erhalten Kunden im Regelfall auf ihre gesonderte Nachfrage den Hinweis, dass sie sich bitte direkt beim Unternehmen beschweren sollen. Meist wird dieser Hinweis noch um die Aussage ergänzt, dass nur so eine individuelle und direkte Beantwortung möglich ist.

Peinlich wird dies vor allen Dingen, wenn ein Kunde eine öffentliche Plattform wählt, weil er auf eine zuvor beim Unternehmen direkt gestellte Beschwerde keine Antwort erhalten hat und auf diesem Weg lediglich den „Druck" auf das Unternehmen erhöhen möchte.

Möglichkeit 2: Öffentliche Beschwerden gezielt sinnvoll beantworten

Durch ein individuelles, persönliches Anschreiben behandeln viele Unternehmen öffentliche Beschwerden wie direkt an das Unternehmen gerichtete Beschwerden. Als Kommunikationskanal wählen sie jedoch nicht die öffentliche Plattform, sondern geben dem Kunden eine persönliche Antwort per Briefpost. Die „Veröffentlichung" der Beschwerde an sich wird aber auch in diesem Fall ignoriert.

Durch dieses Vorgehen verbauen sich die Unternehmen, die diesen Weg gewählt haben, aber die Chance, anderen Kunden das gute Gefühl zu geben, dass Beschwerden ordentlich beantwortet werden. Denn die potenziellen Kunden, die auf einer Beschwerdeplattform eine Kundenbeschwerde sehen, können ja nicht wissen, dass seitens des Unternehmens eine individuelle Beantwortung erfolgt ist. Dieses Unwissen kann negativen Einfluss auf die (Wieder)Kaufbereitschaft nehmen (siehe oben).

Möglichkeit 3: Öffentliche Beantwortung direkt auf der entsprechenden Kommunikationsplattform

Um negativen Einfluss auf die (Wieder)Kaufbereitschaft zu vermeiden, nutzen einige Unternehmen die Möglichkeit, im Internet veröffentlichte Beschwerden auch öffentlich zu beantworten. Um dies zu fördern, bieten gute Plattformbetreiber den Unternehmen ausdrücklich die Möglichkeit zu einer Kommentierung oder direkten Beantwortung einer auf ihren Seiten veröffentlichten Beschwerde. Auf diese Weise können Unternehmen mit der gleichen Öffentlichkeitswirksamkeit zeigen, wie wichtig ihnen diese Beschwerden sind.

Möglichkeit 4: Beschwerdekommunikationsmöglichkeiten auf öffentlichen Plattformen oder der eigenen Website

Unternehmen, die den positiven Einfluss öffentlicher Beschwerden und Reaktionen für sich entdeckt haben, bieten ihren Kunden für den Beschwerdefall neben den traditionellen Kommunikationskanälen (wie Brief, Telefon, E-Mail) als Selbstverständlichkeit auch Beschwerdeplattformen an, die direkt von der Unternehmenswebsite aufgerufen werden können. Auf diese Weise können Unternehmen, wie schon die Beschwerdekunden, mit der gleichen Öffentlichkeitswirksamkeit zeigen, wie wichtig ihnen diese Beschwerden sind.

Die Veröffentlichung auf der eigenen Website hingegen kann bei den Kunden auch zu negativer Denkweise oder Haltung führen. Hier könnte vermutet werden, dass nur ausgewählte Sachverhalte, die dem Unternehmen auch nicht ungenehm sind oder sein müssten, veröffentlicht werden. Im anderen Fall müsste das Unternehmen nämlich grundsätzlich alle Kundenreaktionen – und somit auch unsachgemäße, beleidigende Darstellungen oder Beschimpfungen – veröffentlichen, um dem Vorwurf einer Zensur zu entgehen. Öffentliche Plattformen hingegen stellen im Regelfall von sich aus sicher, dass Beschwerden, die unsachgemäß vorgetragen werden oder gar Verleumdungen enthalten, nicht zur Veröffentlichung gelangen.

Die hier dargestellten öffentlichen Vorgehensweisen sind allerdings nur dann ratsam, wenn im Unternehmen ein vorbildhaftes Beschwerdemanagement installiert ist und die internen Beschwerdekommunikationsprozesse auch wirklich gelebt werden. Ansonsten können sich lange Bearbeitungszeiten oder nicht zufrieden stellende Antworten auch nach längerer Zeit noch nachteilig auswirken, da die Beschwerdehistorie in vielen Portalen auch längere Zeit abrufbar bleibt. Selbst wenn es sich um kleinere Portale wie zum Beispiel „klerax.org" handelt, werden neben Beschwerden über kleinere, regionale Unternehmen auch immer wieder Beschwerden über große Anbieter, wie zum Beispiel 1&1, Audi, Deutsche Bahn, DHL oder auch den Media Markt, eingestellt. Durch den Betreiber von klerax.org erhalten die jeweiligen Firmen umgehend eine individuelle Information über den Eingang einer Beschwerde in diesem Portal und werden so aktiv auf die dort abgegebene Beschwerde aufmerksam gemacht. Vor diesem Hintergrund ist es schon verwunderlich, wie unprofessionell auch namhafte Unternehmen mitunter in Bezug auf Antwortzeiten und -arten auf Beschwerden in Internetportalen reagieren oder sie komplett ignorieren und so für die Leser dieser Portale das Unternehmensimage langfristig mit einem Makel behaften.

Umgekehrt bieten derartige Portale aber auch die Chance, sich als servicefreundlich und im Umgang mit Beschwerden professionell zu positionieren und so von den Wettbewerbern abzugrenzen. Denn die Antwortzeiten und Kommentare werden aufgeführt und sind für jedermann ersichtlich. Und es wirkt doch durchaus positiv, wenn Beschwerden, auch bei hohen Beschwerdezahlen oder gerade dann, durch kurze Reaktionszeiten und positive Kommentare nachhaltig abgeschlossen werden.

7. Zusammenfassung

Unternehmen, die sich intensiv mit der Beschwerdethematik auseinandersetzen, erzielen im Regelfall hohe Kundenzufriedenheitswerte. Sie verfügen über eine auf die Unternehmensziele zugeschnittene Beschwerdedefinition, haben die internen und externen Beschwerdeprozesse optimal installiert und passen sie regelmäßig den sich verändernden (Kunden)Anforderungen an. Durch die Nutzung von Kommunikationsmedien wie E-Mail oder Internet (re)agieren sie schnell und zeigen so eine hohe Kundenorientierung. Hierdurch erhalten sie Wettbewerbsvorteile gegenüber medienscheuen Unternehmen und werden mit großer Wahrscheinlichkeit diesen Wettbewerbsvorteil auch künftig noch weiter ausbauen.

Auch Kunden, die über ein Preisargument zum Unternehmen gekommen sind, werden (Wieder)Käufe künftig überdenken, wenn sie erst einmal schlechte Erfahrungen im Umgang mit Beschwerdeabläufen des gewählten Unternehmens machen mussten.

Wie sollte ein Beschwerdemanagement aufgebaut sein?

Uwe Becker / Astrid Eder

1.   Vorbemerkung

Grundsätzlich gibt es sicher in allen Unternehmen eine Art von Reklamationsabteilung oder sogar ein Beschwerdemanagement bzw. eine bestimmte geregelte Vorgehensweise in Bezug auf die Reklamations- oder Beschwerdebearbeitung. Doch werden sie mit dieser oftmals rein sachbearbeitenden Einheit den Aufgaben und Zielen eines klassischen Beschwerdemanagements gerecht oder ist hier noch Aufbauarbeit zu leisten? Es kann einen Vorteil darstellen, wenn man, für den noch anzugehenden Aufbau eines professionellen Beschwerdemanagements, auf bestehende Strukturen zurückgreifen kann. Aber oftmals ist es auch mit mehr Mühen und Barrieren verbunden, da man sich für eine Optimierung mitunter von bereits festgelegten oder sogar starr etablierten Arbeitsabläufen trennen muss.

Der Unterschied zwischen einer „geregelten" Beschwerdebearbeitung und einem professionellen Beschwerdemanagement ist allerdings enorm. Der Weg dahin muss jedoch genau durchdacht und strukturiert werden. In diesem Beitrag werden wir daher erläutern, worauf man beim Aufbau bzw. Umbau eines professionellen Beschwerdemanagements achten muss. Dabei werden Fragen durchleuchtet wie zum Beispiel:

■ Wie gehe ich vor, wenn ein Beschwerdemanagement eingeführt bzw. professionalisiert werden soll?

■ Was ist beim initialen Aufbau eines Beschwerdemanagements zu beachten?

■ Welche Vorbereitungen sind bei der Einführung eines Beschwerdemanagements unbedingt zu treffen?

■ Mit welchen Hürden und Hindernissen muss man rechnen?

2.   Auslöser für den Aufbau eines Beschwerdemanagements

Sie werden sicher nicht einfach von der Geschäftsleitung beauftragt, nun plötzlich ein Beschwerdemanagement aufzubauen, weil es dieses vielleicht einfach nur noch nicht gibt oder es gerade „modern" ist. Die „Initialzündung" für den Aufbau oder Umbau eines Beschwerdemanagements kann verschiedene Gründe haben:

■ Unzufriedenheit bei Mitarbeitern

■ Prozesse funktionieren nicht „rund"

- Konfrontation mit Wiederholungsbeschwerden

- kein Überblick über die gesamten Beschwerdegründe

- schlechte Ergebnisse zur Zufriedenheit bei der Beschwerdebearbeitung als Resultat einer Kundenbefragung

- aufsichtsrechtliche Vorgaben

- Kundenbeschwerden landen häufig in der Presse oder bei bekannten Interessensvertretungen

- Vorstandsbeschwerden häufen sich

- Umsatzrückgänge sind erkennbar und Gründe zu erforschen

3. Erfolgsfaktoren beim Aufbau eines Beschwerdemanagements

Der erforderliche Auf- oder Umbau eines Beschwerdemanagements sollte im Vorfeld gut überlegt und durchdacht sein. Die typischen und bekannten Erfolgsfaktoren aus dem Projektmanagement sind auch beim Aufbau eines Beschwerdemanagements zu beachten. Es sollte also im ersten Schritt eine Projektgruppe, die das gesamte Unternehmen repräsentiert und aus wichtigen Entscheidungsträgern besteht, bestimmt werden. Primäraufgabe dieser Gruppe ist es, ein Gesamtkonzept für den Auf- bzw. Umbau eines Beschwerdemanagements zu erstellen.

In diesem Zusammenhang sollte man sich als Beschwerdemanager bzw. Projektleiter auch überlegen, wer die Treiber für das Projekt sind oder waren:

- Sind Treiber in der Vorstandsebene zu finden?

- Wer steht hinter dem Projekt, wer ist dagegen?

- Gibt es in den entsprechenden Positionen genug Befürworter oder sollten in diesem Zusammenhang noch Befürworter gefunden werden?

Hier gilt es, wie bei anderen Projekten auch, eine positive Grundstimmung zu schaffen, mit dem Ziel, viele Unterstützer in den unterschiedlichsten Reihen zu finden, die einen wesentlichen Beitrag zum Erfolg des Projektes leisten können. Damit ist ein erster Grundstein für eine erfolgreiche und kreative Auf- oder Umbauarbeit gelegt. Wenig sinnvoll ist es, einen einzelnen Mitarbeiter allein (ohne den Input von Dritten) mit einer solchen Aufgabe zu beauftragen. Leider kommt dies in der Praxis allzu häufig vor – mit dem Effekt, dass die Installation des BM lange dauert und verwertbare Ergebnisse für die Unternehmung erst mit zeitlicher Verzögerung zu erzielen sind.

3.1 Vorgehensweise bei der Einführung

In der Projektgruppe sollte von Beginn an auch ein Teil der Mitarbeiter mitwirken, die später im Beschwerdemanagement arbeiten werden. So wird sichergestellt, dass die Philosophie des Beschwerdemanagements später fortgesetzt und gelebt wird, da die Mitarbeiter die Sinnhaftigkeit von Beginn an mitbekommen haben und diese so weitertragen können. Die sensible Personalauswahl dieser Mitarbeiter ist daher eine der dringlichsten Aufgaben vor dem eigentlichen Start des Projektes.

In einem ersten Schritt sollte die Projektgruppe eine Ist-Analyse durchführen, um zu erheben, welche Strukturen und Arbeitsabläufe bereits vorhanden sind und wie diesbezüglich die Beschwerdebearbeitung aktuell abläuft. Es ist im Regelfall nicht so, dass man vor der Einführung eines Beschwerdemanagements keine Beschwerden bearbeitet hat und alles an Kundenbeschwerden in einer Schublade verschwunden ist. Mit der Bestandsaufnahme bietet es sich aber an, womöglich bereits schriftlich festgehaltene Richtlinien oder Arbeitsabläufe festzuhalten, entsprechend zu sichten und mehrere vielleicht auch identisch gelagerte Passagen zusammenzufassen.

Sinnvoll ist anschließend, die an der Beschwerdebearbeitung beteiligten Mitarbeiter zu interviewen, nach deren Erfahrungen mit den Abläufen zu befragen und im Rahmen derartiger Interviews auch Anregungen und Wünsche aufzunehmen und festzuhalten. Somit erhalten Sie ein Bild der bestehenden Abläufe und möglicherweise gleichzeitig eine bereits zukunftsweisende Ausrichtung. Mit der Einführung des späteren Beschwerdemanagements können Sie sehr schön die Umsetzung der erhaltenen Anregungen kommunizieren und erreichen so bei den Betroffenen eine sicherlich größere Akzeptanz.

In einem weiteren Schritt sollte die Projektgruppe die Unternehmenskultur durchleuchten und beurteilen. Hierzu gehören Fragestellungen, die aufzeigen, inwieweit die Kundenorientierung im Unternehmen bereits verankert ist und vor allen Dingen auch gelebt wird. Die Ergebnisse derartiger Befragungen und Analysen bilden die Basis dafür, dass ein Beschwerdemanagement später erfolgreich agieren kann. Wie steht das Unternehmen überhaupt zu Veränderungen und ist es bereit, aus Beschwerden resultierende, erkannte Schwachstellen umzusetzen? Besteht also überhaupt die Bereitschaft, sich verändern zu wollen. Oder muss diese Einstellung im Rahmen des Projektes erst noch mit aufgenommen und daraufhin gewirkt werden, dass es aus Beschwerden lernen kann und hieraus Nutzen für das Gesamtunternehmen und die Ertragslage gezogen werden können? Denn beim Aufbau eines Beschwerdemanagements darf es nicht nur um die reinen Arbeitsabläufe der Beschwerdebearbeitung gehen. Dieses ist klar zu verdeutlichen und zu kommunizieren.

Praxis-Tipp: Veränderungsbereitschaft

Stellen Sie bei der Analyse der Unternehmenskultur fest, dass in Ihrem Unternehmen und aus Sicht der Projektgruppe Veränderungsbereitschaft noch nicht bzw. noch nicht in einem ausreichenden Maße vorhanden ist, dann scheuen Sie nicht, dies zur Sprache zu bringen. Denn in einem solchen Fall sind zunächst konkrete Maßnahmen zur grundsätzlichen Erhöhung der Veränderungsbereitschaft bzw. eine Veränderung in der Unternehmenskultur notwendig, bevor man daran geht, ein Projekt zur Professionalisierung des Beschwerdemanagements zu starten.

Ebenfalls ist zu prüfen, ob die Tätigkeit eines Beschwerdemanagements in Konkurrenz zu anderen agierenden Bereichen steht – eine Konkurrenz wäre hinderlich beim Aufbau. Dieses könnten zum Beispiel Bereiche wie Vorschlagswesen, Ideenmanagement, Qualitätsmanagement oder auch revisionsgerichtete Aufgabenfelder sein. Derartige Schnittstellen sollten bereits sehr früh lokalisiert und die Aufgabenabgrenzungen festgelegt werden.

Bei der Einführung eines Beschwerdemanagements dürften Sie von Beginn an die Geschäftsleitung auf Ihrer Seite haben, da diese schließlich die Einführung initiiert oder genehmigt hat. Aber auch die erste Führungsebene ist frühzeitig mit einzubeziehen und über den Einführungsstatus zeitnah zu informieren. Gerade für die im Vertrieb agierenden Führungskräfte sind Ziele und Aufgaben des künftigen Beschwerdemanagements zu kommunizieren. Aus diesen Bereichen erhalten Sie später die meisten Kundenbeschwerden, die es zu bearbeiten gilt und aus denen Verbesserungen herbeigeführt werden können. Doch Vertriebseinheiten sehen sich oftmals als Art Subkultur in der Unternehmung, die „Fehler" nicht gern zugeben und schon gar nicht weitergeben. Ihnen muss von Beginn an klar gemacht werden, dass es nicht darum geht, Fehler zu kommunizieren, um den „Schuldigen" zu suchen, sondern dass hieraus gelernt werden soll und der Vertrieb und deren Kunden durch ein Beschwerdemanagement aktive Unterstützung erfahren. Hilfe in dem Sinne, dass die Kunden durch eine professionelle Bearbeitung der Beschwerden wieder zufrieden gestellt werden und die Wiederkaufabsichten gestärkt werden, zum anderen aber auch, dass Arbeitsabläufe verbessert werden können.

Die Ziele eines Beschwerdemanagements müssen daher unbedingt nicht nur bei den Vertriebseinheiten, sondern im gesamten Unternehmen verdeutlicht werden. Aussagen wie „Wir haben keine Beschwerden" oder „Beschwerden klären wir selber" dürfen gar nicht erst aufkommen. Die Chance, aus Beschwerden zu lernen, sollte von Beginn an ein gemeinsames Ziel sein. Dies im Unternehmen zu kommunizieren bedarf der uneingeschränkten Unterstützung der Geschäftsleitung.

Nach einer ausführlichen Ist-Analyse kann ein maßgeschneidertes Konzept für Ihr Unternehmen festgelegt werden. Hier ist vor allem wichtig zu betonen, dass es, wie fast immer, keine Patentrezepte oder -lösungen gibt, sondern dass Beschwerdemanagement von Unternehmen zu Unternehmen und von Branche zu Branche stark abweichen kann.

3.2   Ziele und Erwartungen

Es ist sinnvoll, im Vorfeld konkret zu definieren, welche Erwartungen man an ein Beschwerdemanagement hat:

- Was genau soll das Beschwerdemanagement erreichen?

- Welche konkreten Ziele verfolgt man damit?

Man sollte sich auch im Vorfeld genau überlegen, woran gemessen wird, ob die gesteckten Ziele erreicht werden und wie man die Zielereichung feststellt. Das ist eine Entscheidung, die definitiv jedes Unternehmen für sich treffen muss und die daher im Regelfall auch nicht von einem Unternehmen auf ein anderes Unternehmen übertragen werden kann.

Mit der Festlegung der Ziele und Erwartungen werden letztendlich auch die Aufgabenfelder und die Organisation des zukünftig agierenden Beschwerdemanagements festgelegt:

- Beschwerdekanäle

- Beschwerdestimulierung

- Beschwerdeerfassung

- Arbeitsabläufe der Beschwerdebearbeitung

- Beschwerdeauswertung

- Beschwerdecontrolling

- Beschwerdereporting

- Maßnahmeninitiierung aus Beschwerden

Praxis-Tipp: Expertenunterstützung

Wichtig in diesem Zusammenhang ist die Unterstützung durch einen Experten. Entweder der Projektleiter hat bereits einschlägige Erfahrung im Aufbau eines Beschwerdemanagements oder Sie holen sich Unterstützung durch einen externen Berater. Ganz ohne Expertenwissen sollte ein solches Projekt nicht gestartet werden.

Abhängig von den Zielen, die man mit einem Beschwerdemanagement verfolgt, ist die Erfolgsmessung der Erwartungen auch unterschiedlich. Kundenbefragungen können einen Beschwerdemanager maßgeblich bei der Erfolgsmessung unterstützen. So kann man beispielsweise erheben, ob Kunden mit Kündigungsabsicht nach einer Beschwerde doch beim Unternehmen bleiben. Man kann die Zufriedenheit von Beschwerdeführern durch eine Befragung ermitteln und so den Erfolg des eigenen Beschwerdemanagements laufend kontrollieren. Natürlich können Bearbeitungszeiten ermittelt werden und im Regelfall sind diese nach

Einführung eines professionellen Beschwerdemanagements kürzer als davor, weil die Prozesse effizienter werden.

Praxis-Tipp: Was sind die Ziele des Beschwerdemanagements?

Wesentlich bei der Definition der Ziele und Erwartungen ist, dass man sich im Rahmen des Projektmanagements darüber Gedanken macht, was man mit einem Beschwerdemanagement verbessern will.
- Was war der Auslöser für den Aufbau des Beschwerdemanagements und was soll nach der Einführung besser sein und woran erkenne ich das?
- Woran konkret kann ich den Erfolg fest machen?
- Welche Ziele setzen wir uns und wie können wir diese erreichen?

Abschließend sollte man sich dann noch die Frage stellen, wie man den Erfolg messen kann. Es ist sinnvoll, sich gemeinsam mit der Projektgruppe diese Fragen zu stellen und auch zu beantworten, um ein gemeinsames Bild von „wo wollen wir eigentlich hin" zu kreieren.

3.3 Aufbauorganisation eines Beschwerdemanagements

Grundsätzlich gilt es, zügig zu entscheiden, wo das Beschwerdemanagement organisatorisch im Unternehmen angesiedelt wird. Hier kommen verschiedene Bereiche in Frage, die es zu diskutieren gilt. Beispielsweise kann das Beschwerdemanagement Teil der Abteilungen Revision, Recht oder auch Qualitätsmanagement bzw. des Vorstandssekretariates sein. Es kann aber auch als Gruppe einer vertriebssteuernden Abteilung angesiedelt werden oder als Stabsstelle direkt dem Vorstand unterstellt sein. Teilweise ist das Beschwerdemanagement auch in der Abteilung Kundenservice angesiedelt oder wird als eigenständige Gruppe des Operational Support geführt.

Die organisatorische Anbindung beeinflusst den späteren Erfolg eines Beschwerdemanagements sehr stark. Wo ein Beschwerdemanagement nun richtig angesiedelt ist, kann pauschal selbstverständlich nicht gesagt werden, da es von der gesamten Organisationsstruktur abhängt und je nach Branche und Unternehmen immer den sinnvollsten Bereichen zugeordnet werden sollte.

Tendenziell und aus der Erfahrung heraus sollte ein Beschwerdemanagement jedoch nah an der Geschäftsleitung angesiedelt sein. Auch eine Anbindung an eine vertriebssteuernde oder produzierende Abteilung ist sicher angebracht, wenn die vertriebliche bzw. produktionsoptimierende Ausrichtung der aus Kundenbeschwerden zu ziehenden Maßnahmen nachhaltig den größten Teil der Beschwerden ausmacht und den entsprechenden Bereich somit sehr stark beeinflussen wird.

Häufig wird das Beschwerdemanagement auch im Qualitätsmanagement angesiedelt. Der Vorteil liegt auch hier in der unmittelbaren Möglichkeit, Maßnahmen zur Qualitätssteigerung aus den Beschwerden abzuleiten und auch eine unmittelbare Umsetzung und Erfolgskontrolle einzuführen. Weiter können Informationen aus dem Qualitätsmanagement mit den Beschwerdeinformationen zusammengeführt werden. So können Entscheidungen auf Basis von fundierten Informationen aus zwei Bereichen (Beschwerde- und Qualitätsmanagement) bzw. aus den beiden Sichtweisen Kundensicht und interne Prozesssicht getroffen werden.

Für den Erfolg des Beschwerdemanagements ist es neben der organisatorischen Angliederung auch wesentlich, dass es von Beginn an mit einer echten Entscheidungsbefugnis ausgestattet wird, um den von der Geschäftsleitung unterstützten Veränderungswillen im Unternehmen zu unterstreichen. Es ist wichtig, dass das Beschwerdemanagement Probleme aufzeigen und die Änderung dieser Probleme auch eigenständig initiieren und von den einzelnen Abteilungen einfordern kann. Bei anhaltend hohen Beschwerdezahlen zu bestimmten Themen, Dienstleistungen oder Produkten muss der Beschwerdemanager Bereiche auffordern können, etwas daran zu ändern.

Grundsätzlich ist es wichtig zu erkennen, dass die Wertigkeit des Beschwerdemanagements nicht nur von dessen Entscheidungsbefugnis abhängt. Sobald andere Bereiche erkennen, dass das Beschwerdemanagement eine sinnvolle Unterstützung und Hilfe bei der Verbesserung der eigenen Produkte und Dienstleistungen sein kann, verbessert sich die Wertigkeit und Bedeutung des Beschwerdemanagements in Unternehmen meist von selbst.

Beschwerdemanager werden dann schon von vornherein bei kritischen Projekten oder kundenrelevanten Änderungen hinzugezogen, um diesbezügliche Schwachstellen zu lokalisieren und ein erhöhtes Beschwerdeaufkommen von vornherein zu vermeiden. Hier wird dann die Expertise des Beschwerdemanagers sinnvoll genutzt, um als Unternehmen kompetent und kundenorientiert aufzutreten. Im besten Fall sollte es nämlich erst gar nicht zu einer Beschwerde kommen, wenn man sich bereits im Vorfeld mit den kundenrelevanten Aspekten bei Produkteinführungen oder Leistungserbringungsprozessen durch die Erfahrungen des Beschwerdemanagements auseinander gesetzt hat.

3.4   Organisation des Beschwerdemanagements

Ob Sie nun ein Beschwerdemanagement zentral oder dezentral organisieren, hängt überwiegend von der Unternehmensgröße ab. Kleinere Unternehmen werden kaum Personalkapazitäten ausschließlich für den Beschwerdebereich abstellen. Aber das ist sicher auch in großen Unternehmen nicht immer sinnvoll, denn es müssen oder können auch nicht alle Beschwerden ausschließlich im Beschwerdemanagement bearbeitet werden.

Die Praxis zeigt, dass sich grundsätzlich ein zweistufiges Beschwerdemanagement bewährt hat. Die eigentliche Beschwerdebearbeitung sollte grundsätzlich auch dort erfolgen, wo der vermeintliche Ursprung der Beschwerde liegt. Der Kunde soll sein Anliegen auch seinem Kundenbetreuer, der Servicekraft oder wem auch immer im Vertrieb gegenüber artikulieren können und dürfen.

Der Mitarbeiter im Vertrieb ist in allen Fragen und Angelegenheiten erster Ansprechpartner für den Kunden, diesen Umstand sollte sich jeder bewusst machen und sich dem Anliegen des Kunden auch gern annehmen und positiv gegenüberstehen. In Verhaltens- und Verkaufsschulungen wird das dem Mitarbeiter vermittelt und es wird gleichzeitig die Basis für den Umgang mit Kundenbeschwerden geschaffen.

Praxis-Tipp: Die Schulungsaufgabe des Beschwerdemanagements

Diese Schulungsaufgabe sollte das Beschwerdemanagement wahrnehmen. So dient sie nicht nur der verhaltensorientierten Schulung der Mitarbeiter, sondern kann als hervorragendes Instrument zur Präsentation der Inhalte und Ziele des Beschwerdemanagements im Unternehmen genutzt werden.

Kann der Mitarbeiter die Beschwerde des Kunden selbst lösen, ist die Beschwerde kundenseitig erledigt. Der Mitarbeiter hat jedoch im Rahmen des zweistufigen Beschwerdemanagements nun noch die Aufgabe, den Beschwerdegrund bzw. die Beschwerdegründe dem zentral angesiedelten Beschwerdemanagement, zum Beispiel über die CRM-Software, bekannt zu geben. Dort werden sämtliche Beschwerden erfasst und ausgewertet. Die Gesamtheit der so zentral analysierbaren Beschwerden lässt mögliche Häufungen von Beschwerdegründen zur Schwachstellenanalyse erkennen.

Kann der Mitarbeiter die Beschwerde des Kunden selbst nicht lösen, hat er die Möglichkeit im Rahmen des zweistufigen Aufbaus die Beschwerde an das zentrale Beschwerdemanagement zur Klärung weiter zu leiten. Entweder erhält der Kunde von dort dann direkt eine Antwort für sein Anliegen oder das Beschwerdemanagement präsentiert dem Mitarbeiter = Ansprechpartner für den Kunden – die Lösung und dieser kommuniziert idealerweise direkt mit dem Kunden.

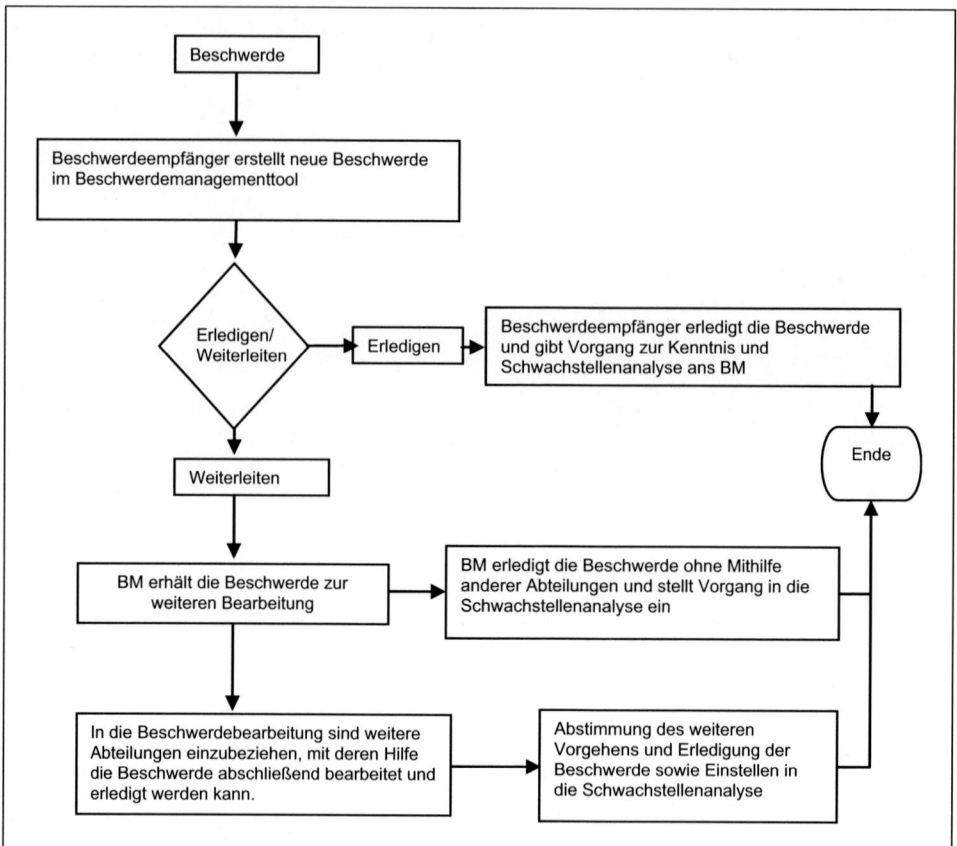

*Abbildung 3:   Beispiel für den internen Beschwerdekommunikationsfluss von der Entste-
hung bis zum Abschluss*

Das Beschwerdemanagement selbst bearbeitet zudem die sogenannten formellen Beschwerden. Dieses sind Beschwerden, die der Kunde nicht direkt vor Ort artikuliert, sondern bei
denen er sein Anliegen an die Geschäftsleitung, Zentrale oder das Beschwerdemanagement
selbst richtet. Ebenfalls sollte sich das zentrale Beschwerdemanagement um die Beschwerden
kümmern, die zum Beispiel von Verbraucherverbänden, Aufsichtsämtern, eventuell sogar
eingeschalteten Rechtsanwälten eingehen.

Bei der Beschwerdebearbeitung ist es von Bedeutung, dass die Kommunikation zwischen
Vertrieb – also dem Kundenbetreuer – und dem zentralen Beschwerdemanagement einwand-
frei funktioniert. Ein zentrales Beschwerdemanagement sollte nicht ohne den Vertrieb Entscheidungen für den Kunden treffen, sondern diese immer abstimmen. Auch dieses Vorgehen
ist klar und von Beginn an zu kommunizieren – die Akzeptanz des Beschwerdemanagements
ist dadurch von Beginn an sichergestellt.

In sehr großen meist auch internationalen Konzernen werden teilweise große Beschwerdeabteilungen mit 50 oder mehr Mitarbeitern geführt, deren Hauptaufgabe die Beschwerdebearbeitung ist. Die Beschwerdeabteilung ist dann eine Art „Back Office" bzw. Second Level Support. Das heißt, alle Beschwerden, die in den Callcentern nicht sofort erledigt werden konnten, werden dann an die Beschwerdeabteilung weiterverbunden oder weitergeleitet und dort abschließend bearbeitet. So können auch große Konzerne gewährleisten, dass sich qualifizierte, meist besonders gut geschulte Mitarbeiter mit den wirklich „großen" Beschwerden beschäftigen.

Das Problem ist häufig, dass Kunden sich bei dem Mitarbeiter beschweren, der ihnen gerade begegnet oder über den Weg läuft. Von daher muss dafür gesorgt werden, dass alle Mitarbeiter im Unternehmen wissen, wie die Beschwerdebearbeitung im Unternehmen organisiert ist und wie das Unternehmen möchte, dass man als Mitarbeiter im Falle einer Beschwerde reagiert. Das Schulungsangebot des Beschwerdemanagements ist dafür wieder geeignetes Medium.

Praxis-Tipp: Erfassung dezentral bearbeiteter Beschwerden

Neben einer professionellen Beschwerdebearbeitung gegenüber dem Kunden ist die sogenannte Nachbearbeitung oder Eingabe der Beschwerde in ein System ein wichtiger Punkt. Hier haben viele Unternehmen das Problem, dass dezentral oder irgendwo im Unternehmen bearbeitete Beschwerden nicht in das System gelangen. Um diese Situation zu verbessern, können verschiedene Maßnahmen getroffen werden:

- Die Mitarbeiter sensibilisieren und verständlich machen, warum Beschwerdeinformationen für ein Unternehmen so wichtig sind.
- Die Weitergabe oder Eingabe in ein zentrales System so einfach und schnell, wie möglich, gestalten.
- Einfache Beschwerdewege wählen, die nicht mit Bürokratie zum Beispiel als Formblätterflut verbunden sind.

Um einen derart komplexen Prozess wie das Beschwerdemanagement verständlich im Unternehmen zu integrieren, ist oft auch eine einfache Darstellung hilfreich. So können Mitarbeiter auf einen Blick das Wesentliche des (Prozess)Ablaufes erkennen.

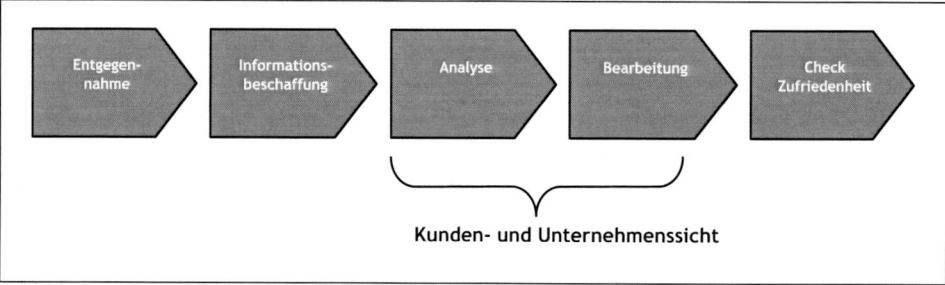

Abbildung 4:   Schematische Darstellung einer Beschwerdebearbeitung

3.5   Umgang mit Veränderungen

Mit Bekanntgabe der Einführung eines Beschwerdemanagements löst die neue Struktur mitunter erst einmal Verwunderung und manchmal sogar auch Unsicherheit aus. Daher ist vom Projektteam zuerst die bestehende Fehlerkultur im Unternehmen zu analysieren und zu beobachten. Dabei ist vor allem die Frage zu klären, wie bisher im Unternehmen mit Fehlern umgegangen wird. Fehler sind für die meisten etwas Negatives und werden gerügt – hiervor hat jeder Mitarbeiter erst einmal Angst. Hört man nun, dass ein Beschwerdemanagement ins Leben gerufen wird, schürt das womöglich diese „natürliche" Angst.

Bestehende Vorurteile werden schnell aufgebaut und breiten sich noch schneller im Unternehmen aus. Vorurteile wie zum Beispiel: „Ein Beschwerdemanagement dient dem Aufspüren von Fehlern und lokalisiert Mitarbeiter oder Vertriebsbereiche mit hohen Fehlerquellen."

So haben selbst Führungskräfte Angst, dass aus ihrem Bereich Beschwerden an das Beschwerdemanagement weitergegeben werden, weil dieses auf eine Schlechtleistung in deren Einheit Rückschlüsse ziehen lässt.

Wenn diesem Vorurteil bei der Einführung nicht möglichst frühzeitig, am besten von Beginn an, Einhalt geboten wird, haben Sie in der Einführungsphase mit erheblichen Hürden zu kämpfen, die den gesamten Prozess Scheitern lassen könnten.

Kommunizieren Sie daher zügig – und dieses sei hier nochmals erwähnt – bereits bei der Vorstellung der Projektphasen bei den Führungskräften oder beispielsweise auch über den Betriebsrat bei Mitarbeiterversammlungen, dass es eben nicht darum geht, Mitarbeiter zu kontrollieren und ihnen Fehler nachzuweisen.

Verdeutlichen Sie dabei auch, dass Sie keine Auswertungen nach Mitarbeitern oder Geschäftseinheiten vornehmen werden, sondern es darum geht, aus Fehlern zu lernen. Stellen Sie auch klar heraus, dass das zentral fungierende Beschwerdemanagement allen Mitarbeitern hilft, Probleme zu beheben, gemeinsam Lösungen zu finden und so schnellstmöglich ein hohes Maß an Kundezufriedenheit wieder herzustellen bzw. zu erreichen.

Es bietet sich daher gerade aus diesem Grunde an, die Einführung eines Beschwerdemanagements nicht ad hoc für das Unternehmen insgesamt vorzunehmen, sondern sie in bestimmten Unternehmenseinheiten zunächst zu pilotieren. Dieses bietet sich gerade für Unternehmen an, die in bestimmte Vertriebsregionen oder Sparten aufgeteilt sind. Hier können Sie die dortigen Führungskräfte und Mitarbeiter gezielt schulen, auf den Umgang mit Kundenbeschwerden und auf Inhalte und Ziele eines Beschwerdemanagements vorbereiten. Bei einer unternehmensweiten Einführung ist es dann möglich, hier positive Erfahrungsberichte insgesamt oder auch an einzelne Personen, die als Multiplikatoren besonders stark vom neuen Prozess zu überzeugen sind, zu kommunizieren.

3.6 Beschwerdemanager als Coach

Der Beschwerdemanager sollte der erfahrene „Allrounder" sein, der sich in allen Unternehmensbereichen auskennt und dem die meisten Schnittstellen weitgehend vertraut, zumindest aber bekannt sind. Bei Einführung eines Beschwerdemanagements ist bei der Besetzung der Position hierauf besonders zu achten. Aber dieses Talent des Beschwerdemanagers ist auch bei der Einführung zu kommunizieren. Er sollte sich so präsentieren und bekannt gemacht werden, dass er als Coach, Ideengeber und Lösungsfinder jederzeit von allen Mitarbeitern in Anspruch genommen werden kann und diesen jederzeit mit Rat und Tat für jeden Einzelfall zur Verfügung steht.

So kann von Anfang an vermittelt werden, dass es nicht darum geht, Angst zu erzeugen, sondern zu helfen, zu unterstützen und dafür zu sorgen, dass das Unternehmen besser wird. In unseren Ausführungen haben wir diese Thematik mehrfach angesprochen. Aber die Erfahrung hat gezeigt, dass es gerade hierauf ankommen kann und der Erfolg und die Akzeptanz eines Beschwerdemanagements hiervon abhängen.

3.7 Gelebtes Beschwerdemanagement als Managementphilosophie

Gelebtes Beschwerdemanagement als Managementphilosophie bedeutet:

- Bei Fehlern wird nicht nach einem Schuldigen gesucht.

- Mit dem Kunden werden gemeinsam Lösungen kreiert.

- Mitarbeiter haben Spaß daran, ihren eigenen Verantwortungsbereich zu verbessern.

- Führungskräfte unterstützen ihre Mitarbeiter bei der Weiterentwicklung ihrer Aufgabenbereiche.

- Mitarbeiter haben keine Angst vor Kundenbeschwerden, sondern sehen sie als Chancen.

- Führungskräfte befürworten Beschwerden und sehen die Chancen darin.

- Kunden fühlen sich im Unternehmen wohl und scheuen sich nicht Kritik zu äußern.

- Die Prozesse werden kontinuierlich verbessert.

Diese Philosophie ist im Unternehmen genauso wie die Unternehmensgrundsätze oder Führungsgrundsätze zu kommunizieren und zu veröffentlichen. Dadurch wird die Basis für ein erfolgreiches Beschwerdemanagement geschaffen und als Unternehmensbestandteil manifestiert.

Wie sollte die Ablauforganisation des Beschwerdemanagements aussehen?

Fred Niefind / Andreas Wiegran

1.   Ziele der Beschwerdebearbeitung aus Unternehmenssicht

Im Zusammenhang mit den Vorurteilen zum Thema Beschwerdemanagement sind wir bereits auf einige zweifelhafte „Ziele" eingegangen. In diesem Kapitel wollen wir uns den Bereich der Unternehmensinteressen etwas genauer ansehen und analysieren, warum Unternehmen den „Aufwand" eines Beschwerdemanagements betreiben. Sicherlich ist es richtig, dass einige Branchen gesetzlichen Anforderungen unterliegen. So ist zum Beispiel in der Bankenwelt die Einrichtung eines Beschwerdemanagementprozesses Bestandteil der gesetzlichen Anforderungen.

1.1   Wird das Beschwerdemanagement wirklich als das verstanden, was es sein soll?

Nun werden sich sicher einige von Ihnen fragen, was diese Frage soll. Da sitzen Leute, die sich um die Bearbeitung von Beschwerden kümmern. Was gibt es denn daran falsch zu verstehen? Die, die sich diese Frage stellen, haben falsch verstanden.

Worauf wollen wir hinaus? Wir möchten mit der vorstehenden Einleitung klar machen, dass es eben nicht darum geht, dass da Leute sitzen, die „sich kümmern". Denn Beschwerdebearbeitung ist Sache jedes einzelnen Mitarbeiters, dem eine Beschwerde zum Ausdruck gebracht wird. Sicher ist es „bequem", wenn man die Beschwerdebearbeitung „abgeben" kann. Aber seien wir doch mal ehrlich: Ist es nicht eine „Erleichterung" derartige Dinge „abgeben" zu können? „Behindern" sie uns doch in unserem Tagesgeschäft. Wer hier „Ja" sagt, ist schon wieder hereingefallen. Denn wenn man Beschwerdebearbeitung als Hindernis für „wichtigere" Aufgaben ansieht, missachtet man den (Beschwerde)Kunden. Wenn man es als Erleichterung betrachtet, Beschwerden „abzugeben", fehlt einem mit hoher Wahrscheinlichkeit auch die grundsätzliche Sensibilität, sich in die Situation des (Beschwerde)Kunden hinein zu versetzen.

Sofern der beschriebene Sachverhalt auf den Großteil der Mitarbeiter Ihres Unternehmens zutrifft, laufen Sie Gefahr, dass das Beschwerdemanagement als „Mülleimer für Kundenanfragen" missbraucht wird. Hier heißt es nun, entsprechend gegen zu steuern. Dabei können die beiden folgenden Unterkapitel eine gute Argumentationshilfe geben. Sehen Sie sie daher als Praxis-Tipps an, auch wenn sie in diesem Fall nicht besonders gekennzeichnet sind. Denn die Erfahrung zeigt, dass gerade in hektischen Zeiten Mitarbeiter versuchen, normale Kundenanfragen an die Beschwerdeabteilung abzugeben oder weiterzuleiten. Und selbstverständlich wird auch gern der entgegengesetzte Weg von Mitarbeitern aus dem Beschwerdemanagement genutzt. Gerade in Unternehmen, in denen eine Eskalation von Beschwerden ein Prozessschritt im Beschwerdemanagementkreislauf ist, werden zu Auslastungsspitzen Beschwerden von einer in die andere Abteilung geschoben. Begründungen der Sachbearbeiter sind dann oftmals Sätze wie: „Die Beschwerde ist noch nicht eskaliert, das könnt Ihr doch auch selbst bearbeiten" oder „Recherchiert doch den Sachverhalt selbst noch einmal gründlich". Hier hilft nur eine klare bereichsübergreifende Richtlinie oder eine gut durchstrukturierte Arbeitsablaufbeschreibung. Aber Papier ist ja bekanntlich geduldig. Daher müssen Sie auch für eine gelebte Umsetzung sorgen. Ihre Kunden werden sich über die Schnelligkeit freuen, wenn diese Maßnahmen helfen, Verzögerungen im Prozessablauf einzudämmen.

1.2 Durch Mitarbeiterzufriedenheit die Zufriedenheit mit der Beschwerdebearbeitung und damit die Kundenzufriedenheit erhöhen

Es ist in verschiedenen Untersuchungen empirisch belegt worden, dass ein zufrieden gestellter Beschwerdekunde im Regelfall eine wesentlich höhere Loyalität zum Unternehmen aufweist als ein Kunde, der bisher keinen Anlass zur Beschwerde hatte. An dieser Stelle muss man sich als Beschwerdemanager Gedanken darüber machen, welche Informationen der Adressat benötigt.

Eine ausführliche Darstellung der im Beschwerdemanagement zu betrachtenden Kennzahlen und Informationen finden Sie im Beitrag „Welche Kennzahlen sind im Beschwerdemanagement besonders interessant?", insbesondere im Abschnitt „Kernpunkte eines Beschwerdereportings".

Sehr schön wird die Einbindung eines Beschwerdemanagements auch im Rahmen der Total Loyalty Marketinganalyse verdeutlicht.

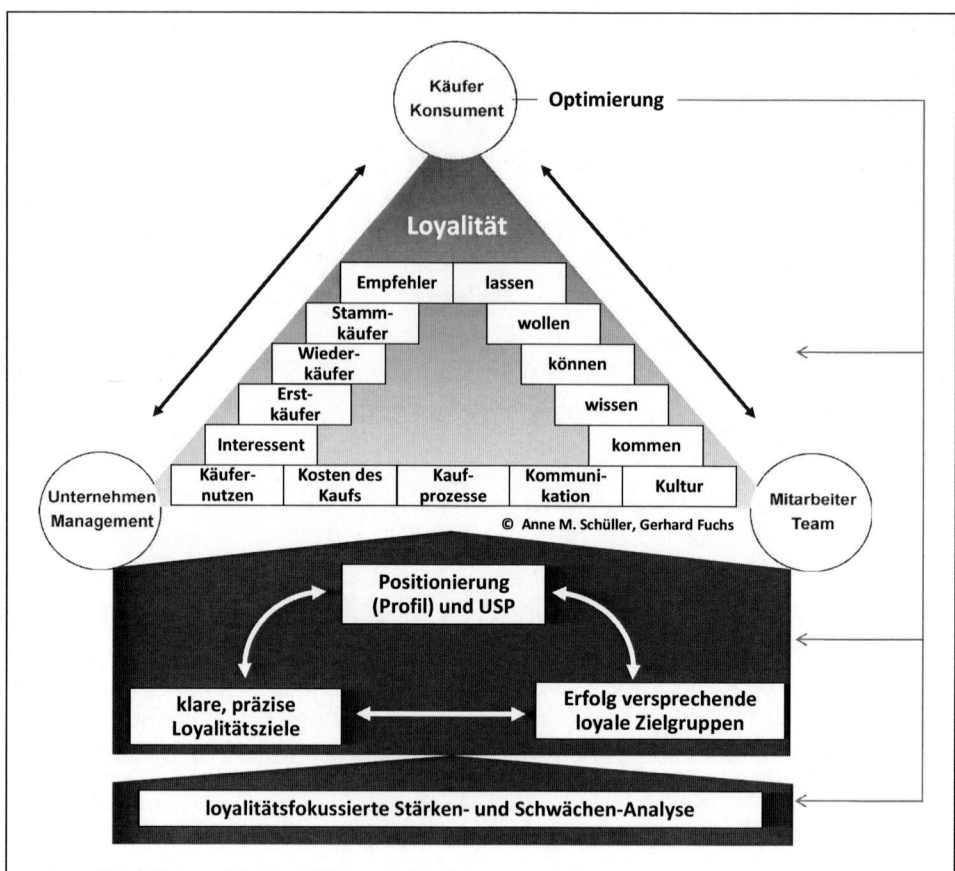

Abbildung 5:   Total Loyalty Marketinganalyse; Quelle: Anne M. Schüler, Gerhard Fuchs

Der Weg vom „Mitarbeiter Team" zum „Käufer Konsument" verdeutlicht sehr gut die möglichen Kommunikationsstufen zum Zurückgewinnen von Zufriedenheit und Vertrauen. Hierdurch wird die Kundenloyalität gefestigt und so werden aus dem zuweilen unzufriedenen
Erst-, Wieder- oder Stammkäufer loyale Empfehler, die mit gutem Gewissen sagen können:
„Ich werde vom Unternehmen ernstgenommen und respektiert." Derart handelnde Unternehmen verfolgen Gewinnerstrategien, ermutigen und ermöglichen den Mitarbeitern Selbst-
bestimmung, Freude an der Arbeit, Wertschätzung und Anerkennung, Offenheit und Vertrau-
en. Dort sorgen couragierte, motivierte, engagierte, unternehmerisch mitdenkende, begeister-
te und loyale Mitarbeiter für Spitzenleitungen. Das „machen lassen", verbunden mit Vertrau-
en, der Übertragung von Verantwortung und dem Gewähren von Spielräumen ist dabei der
schwierigste Schritt und eine echte Herausforderung für die Führungskräfte. Aber es lohnt
sich: Wer seine fähigen und motivierten Mitarbeiter zu Mitwissern macht, sie reichlich üben
und dann machen lässt, hat operativ nicht mehr viel zu tun. Er kann sich voll und ganz um
strategische Aufgaben kümmern und sich den wichtigsten Kunden widmen.

Vor diesem Hintergrund sollten Sie Ihren Kunden die bestehenden, gewollten und/oder gewünschten Beschwerdekanäle möglichst unkompliziert offen anbieten und so ein aktives Beschwerdemanagement gestalten. Denn schon bei der Beschwerdeannahme wird der Grundstein für die Beschwerdezufriedenheit gelegt. Oder wären Sie zufrieden, wenn Sie eine Beschwerde loswerden möchten, aber sich erst umständlich auf die Suche nach dem richtigen Ansprechpartner machen oder sich einem unmotivierten Gesprächspartner anvertrauen müssen? Öffnung und Steuerung von Beschwerdekanälen ist hier das richtige Stichwort.

Prinzipiell muss der gesamte direkte Beschwerdeprozess sehr kundenfreundlich praktiziert werden. Die Annahme der Beschwerde ist hierbei der Anfang. Es geht mit der absolut seriösen und sorgfältigen Beantwortung der Beschwerde weiter. Der Kunde wünscht selbstverständlich eine Lösung. Gleichermaßen sollte diese in einem angemessenen Zeitrahmen erfolgen und die Mindestanforderungen eines guten Geschäftsbriefes enthalten. Antworten Sie auf alle Fragen des Kunden. Es reicht nicht aus, eventuell vorhandene Textbausteine auf entsprechende Schlüsselwörter, die der Kunden in seiner Anfrage benutzt, in das Antwortschreiben hineinzukopieren. Antworten Sie individuell und in einer einheitlichen „Sprache". Diese eigene „Sprache" muss sich individuell entwickeln. Schulen Sie daher alle Mitarbeiter auf ein gutes Empfinden für diese „Sprache".

Praxis-Tipp: Einheitliche Sprachregelung

Geben Sie jedem Mitarbeiter, der im Kundenkontakt steht, einen entsprechenden Leitfaden mit den wichtigsten Inhalten „der Sprache des Unternehmens" an die Hand. Machen Sie dieses zum Beispiel in Form einer praktischen Schreibtischunterlage oder als edle Variante in einer kleinen gebundenen Tischausgabe. Bei der Entwicklung Ihrer eigenen „Sprache" beziehen Sie im Optimum ein Linguistikinstitut mit ein.

1.3 Beschwerdekosten und wie sie zum Unternehmenserfolg beitragen

In vielen Fällen wird das Beschwerdemanagement als reiner Kostenfaktor angesehen. Sitzen da doch Kollegen, die bezahlt werden müssen, aber keinen Umsatz generieren oder auch nur dazu beitragen. Dieses Vorurteil wollen wir mit den folgenden Ausführungen widerlegen.

Gerade in großen Unternehmen sind im Beschwerdemanagement meistens sehr erfahrene und langjährige Mitarbeiter tätig. Sie kennen sich mit den Systemen, mit den Prozessen und vor allem durch ein starkes internes Netzwerk mit allen notwendigen Ansprechpartnern bestens aus. Sie verfügen oftmals über einen theoretischen, akademischen Wissensstand, den sie im Laufe der Zeit in ein breites und tiefes praktisches Wissen überführt haben. Wir sprechen uns ausdrücklich für diese Vorgehensweise aus. Wer mit seinem Beschwerdemanagement erfolgreich sein möchte, sollte das Beschwerdemanagement mit seinen erfahrensten Mitarbeitern besetzen und diese Abteilung nicht als lästiges Anhängsel betrachten.

Der absolut überwiegende Teil der Beschwerden entsteht erst, wenn der Verkauf abgeschlossen oder die Dienstleistung getätigt, der Umsatz also bereits gemacht ist. Diese Betrachtungsweise entspringt dem Grundgedanken nach kurzfristigem Gewinn. In Unternehmen, die eine wirkliche, die Kundenbedürfnisse berücksichtigende, lebenslange Kundenbegleitung im Fokus ihrer Kundenorientierung haben, kommt eine derartige Annahme erst gar nicht auf. Diese Unternehmen haben verstanden, dass nicht der kurzfristige Gewinn den Unternehmenserfolg dauerhaft sichert. Vielmehr haben sie erkannt, dass die kontinuierliche Bindung der Kunden an das Unternehmen und ein damit verbundener, stetiger Wiederkauf durch diese Kunden einen dauerhaften Erfolg sicherstellt. Wir können uns nur wiederholen, aber Loyalität der Kunden ist das A und O. Gerade in Zeiten, die den Wechsel zu einem anderen Dienstleister immer einfacher machen, muss dieser Grundgedanke verinnerlicht werden. Sehen Sie sich zum Beispiel die Bankenbranche an. Hätten Sie noch vor einem Jahrzehnt gedacht, dass es Internetbanken mit sehr attraktivem Zins und sonstigen, immer wiederkehrenden Angeboten geben wird? Der Wechsel des Anbieters wird einem in regelmäßigen Abständen quasi „aufgezwungen" und so existiert hier ein reges „Hopping" von Kunden. Nicht zuletzt, weil aufgrund der kurzen Verweildauer kein wachsendes Kundenverhältnis aufgebaut werden kann. Ähnlich sieht es in der Energiebrache aus. Noch vor wenigen Jahren hätte niemand daran gedacht, dass es so etwas wie Wettbewerb in diesem Markt geben wird. Auch hier wird der Wechsel von einem Versorger zum anderen derartig vereinfacht, dass lediglich wenige Klicks im Internet dafür notwendig sind. Aber warum wechseln die Kunden? Wir wissen zwar, dass einige dem günstigsten Zins oder dem besten Bezugspreis hinterher jagen. Viele jedoch werden schnell durch ein negatives Ereignis der noch kurzen Geschäftsverbindung verärgert. Schauen Sie sich die entsprechenden Foren im Internet an. Schnell finden Sie hierzu massenhaft Beschwerden. Machen Sie es einfach besser, bearbeiten Sie Ihre Beschwerden nicht nur, sondern sehen Sie sich auch die Gründe, die für die Unzufriedenheit Ihrer Kunden sorgen, genau an. Nur auf diesem Weg erreichen Sie eine hohe Kundenloyalität. Die nicht weg zu diskutierenden Kosten des Beschwerdemanagements werden sich so im Regelfall bereits mittelfristig auszahlen.

Für eine ordentliche Berechnung müssen wir in der Betrachtung der Beschwerdekosten auch den damit verbundenen Erfolg berücksichtigen. Denn wie haben wir doch zuvor gelernt: Ein zufriedener (Beschwerde)Kunde ist ein loyaler Kunde, der Produkte und/oder Dienstleistungen des Unternehmens gern wieder in Anspruch nehmen wird und somit als dauerhafte Quelle für Gewinn nicht versiegt.

Praxis-Tipp: Marktschaden-/Beschwerdemanagementnutzen-Berechnung

Um eine verlässliche Rechnung des Beitrags des Beschwerdemanagements zum Unternehmenserfolg aufzumachen, gilt es neben den auftretenden Personal- und Verwaltungskosten verschiedene Bereiche zu berücksichtigen. Diese sind im Einzelnen:

- der Marktschaden durch abgewanderte Kunden (verloren gegangene Umsätze und somit Erlöse für Ihr Unternehmen)
- der Marktschaden durch negative Mund-zu-Mund-Propaganda unzufriedener Kunden
- der Markterfolg durch erhöhte Empfehlungsbereitschaft zufriedener Kunden
- die Reduzierung interner Prozesskosten
- Verwertung des Feedbacks vom Kunden in einem kontinuierlichen Verbesserungsprozess

Den entstandenen Personal- und Verwaltungskosten im Betrachtungszeitraum ist der so ermittelte Nutzen gegenüber zu stellen. Sind die Personal- und Verwaltungskosten kleiner als der Nutzen, ist das Beschwerdemanagement nachgewiesenermaßen kein Kostenfaktor, sondern als bilanzwirksamer Gewinnbringer einzustufen.

Trotz der hohen Kosten für sehr gut ausgebildete Beschwerdemanager gibt es viele Beispiele aus der Praxis, in denen ein gut organisiertes Beschwerdemanagement zum positiven Unternehmenserfolg beitragen kann. Dennoch zeigt die Praxis ebenfalls, dass auch eine wie oben beispielhaft angeführte Rechnung durchaus nicht alle Kostenfacetten abdeckt und auch hierfür ein gewisser Aufwand betrieben werden muss. Deswegen unser Praxis-Tipp: Vertrauen Sie erst einmal auf einen funktionierenden Beschwerdebearbeitungsprozess, bevor Sie sich an die Königsdisziplin des Beschwerdemanagements, die Berechnung des Erfolges der Fachabteilung Beschwerdemanagement, heranwagen. Die Erfahrung zeigt, dass Unternehmen, die ein erfolgreiches Beschwerdemanagement etabliert haben, dieses auch weiterführen. Uns ist kein Praxisfall bekannt, in dem ein Unternehmen entschieden hat, ein existierendes Beschwerdemanagement allein aus Kostengründen zu streichen. Eher spart man in der heutigen Zeit an Marketingmaßnahmen oder Vertriebseinheiten. Die folgende alte, aber wahre Regel bleibt daher eine Art Grundgesetz jeglichen wirtschaftlichen Handelns:

Bestandskunden zu halten ist günstiger als neue Kunden zu gewinnen.

Tabelle 1 verdeutlicht die Abschätzungsmethodik.

Tabelle 1:   *Beispielhafte Abschätzung des Marktschadens bzw. des Beschwerdemanagementnutzens*

	ohne Beschwerdemanagement	mit Beschwerdemanagement	Differenz = Nutzen des Beschwerdemanagements	
Marktschaden durch Abwanderung (1)				
Anzahl abgewanderter Kunden	200	100	100	**Anzahl gehaltener Kunden: 100**
entgangener Umsatz in €	10.000.000 €	5.000.000 €	5.000.000 €	
entgangener Gewinn in €	80.000 €	40.000 €	40.000 €	
entgangener Lebenszeitgewinn in €	800.000 €	400.000 €	400.000 €	
Marktschaden durch negative Mund-zu-Mund-Propaganda (2)				
Anzahl entgangener potentieller Kunden	50	13	38	**Anzahl nicht entgangener Kunden: 38**
entgangener Umsatz in €	2.500.000 €	625.000 €	1.875.000 €	
entgangener Gewinn in €	20.000 €	5.000 €	15.000 €	
entgangener Lebenszeitgewinn in €	200.000 €	50.000 €	150.000 €	
Markterfolg durch Empfehlungen aufgrund der Beschwerdebearbeitung (3)				
Anzahl neu gewonnener Kunden		30	30	**durch Beschwerdeführer empfohlen: 30**
Umsatz in €		1.500.000 €	1.500.000 €	
Gewinn in €		12.000 €	12.000 €	
Lebenszeitgewinn in €		120.000 €	120.000 €	
Kommunikationsnutzen (2+3)				
Umsatz in €		3.375.000 €	3.375.000 €	**durch BM generierter Umsatz: 8.375.000 €**
Gewinn in €		27.000 €	27.000 €	
Lebenszeitgewinn in €		270.000 €	270.000 €	
Gesamtnutzen des Beschwerdemanagements (1+2+3)				
Umsatz in €		8.375.000 €	8.375.000 €	**Nutzen des BM: 67.000 €**
Gewinn in €		67.000 €	67.000 €	
Lebenszeitgewinn in €		670.000 €	670.000 €	

Eingangsgrößen:

Anzahl der abgewanderten Kunden	200	Verhinderung abgewanderter Kunden in %: 50
Anzahl der entgangenen potentiellen Kunden	50	Verhinderung entgangener potentieller Kunden in %: 75
durchschnittlicher Umsatz in €	50000	Anzahl hinzu gewonnener Kunden: 30
durchschnittlicher Gewinn in €	400	durchschnittliche Kundenverweildauer in Jahren: 12

2.   Ein Ziel – viele Wege!?!

2.1   Systematische Bearbeitungsprozesse vs. ad-hoc-Bearbeitung

In vielen Unternehmen findet die Beschwerdebearbeitung ad hoc statt – und es klappt! Nun fragt sich der kritische Leser, der in einem Unternehmen arbeitet, in dem die ad-hoc-Beschwerdebearbeitung keine Wünsche offen lässt: Warum soll man etwas verändern, das recht gut funktioniert? Dem können wir nur sagen: Wenn die ad-hoc-Bearbeitung durchgehend eine nachweisbare, hohe Qualität aufweist, diese Qualität regelmäßig überprüft wird und sogar gegebenenfalls geänderten Kundenerwartungen angepasst wird, handelt es sich bereits um einen systematischen Prozess, der aber den bearbeitenden Mitarbeitern viel Spielraum lässt. Ein solcher Spielraum ist gut, richtig und wichtig, um den Mitarbeitern des Beschwerdemanagements die Möglichkeit zu geben, sich ganz auf den Kunden und die jeweilige Situation einzustellen.

Systematische Beschwerdebearbeitung meint auch nicht einen starren Ablauf von im Rahmen der Beschwerdebearbeitung zu verrichtenden Tätigkeiten, sondern vielmehr einen Regelkreis mit unterschiedlichen Kontrollstellen, an denen der Bearbeitungsstatus und ein eventuell bereits erzieltes Zwischenergebnis messbar sind.

Der systematische Bearbeitungsprozess ist die ganzheitliche Betrachtung des gesamten Beschwerdemanagements und spannt den Bogen von der Beschwerdeannahme über die interne Beschwerdekommunikation und -bearbeitung bis hin zu den im Prozess bestimmten Prüfpunkten, wie zum Beispiel Zwischenbescheide, die der Kunde erhalten soll.

2.2   Wer macht wann was?

Mit diesem Beitrag möchten wir Ihnen einen Überblick über mögliche Bearbeitungsabläufe geben. Keiner dieser Wege ist der einzig richtige, aber die vorgestellten Lösungen haben sich unserer Ansicht nach durchaus in der Praxis bewährt.

Nachdem Ihre Unternehmung die Kundenanliegen nach Beschwerden kategorisiert hat, erfolgt die Bearbeitung. Geben Sie dabei den operativen Teams Ihres Hauses die Chance, eine kundenorientierte Antwort des Sachverhalts selbst zu geben. Oftmals kennen Ihre Vertriebsmitarbeiter den Kunden am besten und wissen, wie er „tickt". Oft wird hierbei in der bekannten Literatur zwischen zentralisierter und dezentralisierter Bearbeitung unterschieden. Eine grundsätzliche Empfehlung für das eine oder andere Vorgehen wäre an dieser Stelle vermessen. Haben die verschiedenen Unternehmen doch signifikante Unterschiede in ihrem gesamten Aufbau und der dahinter stehenden Philosophie. Aber die richtige Mischung aus beiden Möglichkeiten ist häufig der richtige Weg.

Kommt das Erstkontaktteam mit dem Kunden nicht auf einen grünen Zweig, geben Sie Ihren Mitarbeitern die Chance, die Beschwerde zu bearbeiten. Hierbei verfolgt ein nachgelagertes Team die Beschwerde im Kundensinne weiter. Selbstverständlich binden diese Mitarbeiter die Fachabteilungen in die Beantwortung ein. Sollte es rechtliche Hürden geben, ist der Syndikus des Unternehmens als Ratgeber einzubeziehen.

Wir wissen aber auch, dass sich oftmals keine nachhaltigen Antworten „liefern" lassen. Dieses ist zum Beispiel meistens dann der Fall, wenn ähnlich gelagerte Fälle gerade strittig verhandelt werden, aber noch nicht endgültig von Gerichten entschieden worden sind. Gerade diese Themen sind es, mit denen Unternehmen die größten Probleme haben. Unser Rat: Sprechen Sie mit Ihren Kunden offen und ehrlich über diese Situation. Was hilft es, wenn Sie die Beantwortungszeit aussitzen oder Zwischenbescheide versenden? Der Kunde wird Ihnen die Ehrlichkeit zwar nicht immer danken, aber es ist aus unserer Sicht die einzig kundenorientierte Lösung.

2.3   Einsatz von Standards

Standards sind der Anfang vom Ende jeglicher Individualität. Individualität, so scheint es auf den ersten Blick, ist aber Grundvoraussetzung dafür, einem Beschwerdeführer so zu begegnen, dass er sich verstanden und gut aufgehoben fühlt. Und Gefühle sind nun einmal nicht standardisierbar.

Je größer Ihre Unternehmung ist, desto wichtiger ist es aber, Standards zu konkretisieren und schriftlich zu fixieren. In Zeiten, in denen aufgrund von Kostensenkungsmaßnahmen komplette Prozesse nicht mehr durch das betroffene Unternehmen abgewickelt werden, sind Standards unerlässlich. Auch das operative Beschwerdemanagement ist davor nicht gefeit. Die Bearbeitung der Beschwerden wird häufig durch Dienstleister abgewickelt. Externe Callcenter entstehen und die Kontakte werden auf Stückbasis abgerechnet. Sicherlich können wir die Grundsatzfrage stellen, ob ein Outsourcing überhaupt der richtige Weg ist, um mit Kundenbeschwerden umzugehen. Die Antwortmöglichkeiten auf diese nahezu schon philosophische Frage haben vielfältige Gründe, aber im Regelfall stehen bei der Entscheidung meistens betriebswirtschaftliche „Notwendigkeiten" im Fokus. Wir können uns dieser Entwicklung nicht entziehen, aber wir können dafür Sorge tragen, dass die Mitarbeiter, die auf dieser Basis die Antworten „produzieren" müssen, das richtige Handwerkzeug mit auf den Weg bekommen. Hierfür ist die Steuerung des Beschwerdemanagers verantwortlich, er hat dafür Sorge zu tragen, dass über eine Wissensdatenbank kontinuierlich aktuellste Informationen für die

Erstkontaktmitarbeiter zur Verfügung stehen. Die hier enthaltenen Textbausteine müssen immer auf dem neuesten Stand sein. Eingehende Beschwerden helfen, diese Datenbank immer aktuell zu halten, da neuer Input in das Unternehmen von außen hineinfließt. Schulen Sie die Erstkontaktmitarbeiter regelmäßig. Vereinbaren Sie mit den Dienstleistern nicht zu enge Service Level Agreements (SLA) im Bereich der Beschwerdebearbeitung. Sicherlich ist es auch hier eine Frage der Kosten, nur sparen Sie nicht am Kunden und schon gar nicht am Kunden, der aufgrund seiner Beschwerde ein latenter „Kündigungskunde" ist.

Der wesentliche Standard im Beschwerdemanagement ist eine einheitliche Entscheidungsgrundlage. Nichts ist schlimmer, als wenn Kunden sich dann auch noch kennen und sich über ihre unterschiedlichen Erfahrungen austauschen. Es gibt dann im Regelfall drei Verlierer: die beiden Kunden und das Unternehmen! Man stelle sich auch vor, wenn dies „journalistisch" ausgeschlachtet und so öffentlich wird. Um einem so entstandenen Negativimage entgegen zu wirken, sind Anstrengungen notwendig, die in keinem Verhältnis zur Einführung und Kontrolle der Einhaltung entsprechender Standards stehen dürften.

Als zweiter wichtiger Standard sei hier das Corporate Wording („die Sprache Ihres Unternehmens") genannt. Insbesondere ist dabei darauf zu achten, dass neben einem allgemeinen gleichen Verständnis bei der Beantwortung von Beschwerden jeder Mitarbeiter Zugriff auf ein gleich lautendes, abgestimmtes und für das gesamte Unternehmen geltende Wording hat, zum Beispiel über eine Wissensdatenbank.

Eine der größten Schwächen in vielen Unternehmen ist auch die geringe Handlungsfreiheit (Empowerment) der Erstkontaktmitarbeiter. Diese Schwäche gilt es in einem funktionierenden Beschwerdemanagementprozess gering zu halten. Grundsätzlich lässt sich durch einen hohen Empowerment-Level die Anzahl von späteren Eskalationen gering halten. Hieraus resultieren für die Unternehmung kürzere Durchlaufzeiten der Anfragen und somit auch eine Reduzierung der Kosten. Die gefühlte Kundenzufriedenheit steigt und somit auch die Loyalität gegenüber Ihrem Unternehmen. Die Lösung ist es, hier jedem Ihrer Kundenkontaktmitarbeiter in einem definierten Rahmen Eigenständigkeit für seine Entscheidungen zuzubilligen. Dieser Entscheidungsspielraum ist beispielsweise durch direkte Kulanzzusagen im Kundengespräch zu verwirklichen. Die Kompetenzen jedes Mitarbeiters sind im Vorfeld durch entsprechende Kompetenzregelungen festzulegen, um fallgerechte Lösungen zu ermöglichen. Jeder Mitarbeiter ist hierbei verpflichtet, seine Kompetenzen im Rahmen seiner persönlichen Vorgaben einzusetzen. Ihre Kunden werden sicher positiv auf die äußerst flexible Handhabung reagieren. Hierbei spielt nicht zwingend der materielle oder finanzielle Umfang der Kompensation eine Rolle, sondern der generelle Wille, auch in Zukunft eine partnerschaftliche Kundenbeziehung weiterführen zu wollen.

Praxis-Tipp: Standardisierung

In Abwandlung eines allgemein bekannten Ratschlags sollte man folgenden Grundsatz beherzigen: So viel Individualität wie nötig – so viel Standard wie möglich!

2.4   IT-Unterstützung im Beschwerdeprozess

Die IT-Unterstützung ist nicht das Allheilmittel, um den Erfolg eines Beschwerdemanagements sicher zu stellen. Aber ohne eine funktionierende IT geht meist nur wenig. Was sollte also Ihre Software können? Dieses Thema allein ist so umfassend, dass wir darüber eine ganze Buchreihe schreiben könnten. Aus diesem Grund beschränken wir uns auf das Wesentliche. Es ist nicht sinnvoll, Ihnen zu sagen, dass die Firma X die Software Y benutzt und beste Erfahrungen hiermit gemacht hat. Wir haben in unserer eigenen operativen Arbeit vielfältige und unterschiedliche CRM-Programme kennengelernt. Diese sind den jeweiligen Branchen angepasst worden und haben unzählige Schnittstellen zu anderen Programmen, die das Unternehmen nutzt oder vielleicht irgendwann nutzen will. Selbstverständlich sind professionelle Tools für die Beschwerdebearbeitung eine unglaubliche Bereicherung. Denn wer sich über Jahre hinweg Zahlen selbst aus den verschiedensten Data-Warehouses ziehen musste, um diese dann in Excel-Tabellen umzuwandeln und anschließend hieraus wieder mit Pivot-Tabellen eine vernünftige, auswertbare Basis „gebastelt" hat, weiß, wovon wir sprechen. Durch professionelle Programme lassen sich umfangreiche Reports mit wenigen Handgriffen erstellen und jederzeit auftraggebergerecht umwandeln. Nachteil hierbei: Diese Tools sind kostenintensiv und lassen sich nicht immer leicht auf das bestehende System migrieren und implementieren.

Wenn Sie nicht Ihre Unternehmung neu planen oder viel Geld in die Hand nehmen wollen, ist ein Kauf von professionellen Programmen kritisch zu hinterfragen. Denn als Alternative gibt es immer noch den Weg, aus dem, was Sie als Datenbasis zur Verfügung haben, ein ordentliches, verständliches und akzeptiertes Reporting „selbst" zu erstellen und Veränderungsprozesse anzustoßen. Dieses geht selbstverständlich nicht innerhalb von wenigen Wochen, sondern es ist ein Prozess, der sich entwickeln muss. Die Erfahrung zeigt aber, dass dieser Weg, wenn er von der Unternehmensführung unterstützt wird, eine hohe Anerkennung innerhalb des Unternehmens finden wird. Nach und nach werden die Abteilungen Ihres Hauses auf den regelmäßigen Beschwerdereport warten und nicht zuletzt dadurch hat dann wiederum die Unternehmensführung eine Möglichkeit, Zielvereinbarungen für die verschiedenen Abteilungen über die zukünftige Beschwerdeentwicklung im Haus abzuleiten.

3. Kundenerwartungen „treffen"

3.1 Kommunikation ist das A und O

Machen wir uns einmal deutlich, was ein Kunde mit einer Beschwerde im Regelfall erreichen möchte:

- Erreichbarkeit des Ansprechpartners
- Verständnis für das Anliegen
- Vertrauens(wieder)aufbau
- zuverlässige Informationen
- schnelle Bearbeitung/Lösung
- perfekte Erledigung
- Kulanz
- Einmaligkeit des Vorfalls

Durch eine konkrete Betrachtung dieser Punkte und die Beantwortung der Frage, wie ich eine Lösung für jeden einzelnen Punkt konzipiere und im Unternehmen verankere, baue ich automatisch das Grundgerüst des Kommunikationskonzeptes meines Beschwerdemanagements.

Praxis-Tipp: Kommunikationsdesign am Beispiel Erreichbarkeit

Dem Kunden sind klare Möglichkeiten aufzuzeigen, auf welchen Kanälen er zu welchen Zeiten seine Beschwerden artikulieren kann. Durch interne Kommunikation dieser extern veröffentlichten Erreichbarkeit ist diese zu 100 Prozent sicher zu stellen. Durch die externe Kommunikation ist auch die Möglichkeit gegeben, die Inanspruchnahme bestimmter Beschwerdekanäle ein gutes Stück weit zu steuern, was wiederum die Einsatzplanung der Mitarbeiter erleichtert.

Interne und externe Kommunikationskanäle müssen daher grundsätzlich ineinander greifen. Denn nichts ist schlimmer, als dem Kunden (extern) Versprechungen zu machen, die ich mangels fehlender interner Kommunikation überhaupt nicht einhalten kann.

3.2   Kompensation - das Gegenteil von „gut" ist „gut gemeint"

Ein weiterer Punkt, der an dieser Stelle besonders beleuchtet werden soll, ist der kulante Umgang mit möglichen Kompensationen, die man den Kunden aus den unterschiedlichsten Gründen gibt.

Bei Kompensationen muss man ganz klar unterscheiden zwischen denen, die zum Beispiel aufgrund rechtlicher Vorgaben sein müssen, und denen, die sein können. Im ersten Fall braucht man nur die Einhaltung zwingend notwendiger Kompensation sicherstellen. Der zweite Fall, also das, was man im Allgemeinen unter „good will" oder „Kulanz" versteht, ist da doch wesentlich differenzierter zu betrachten.

Nähern wir uns dieser Betrachtung durch die Frage: Warum sollte ich in einem nicht notwendigen Fall eine Kompensation leisten?

Im Regelfall ist dieser Grund darin zu finden, dass das Unternehmen seinen wertvollen Kunden im Fehlerfall etwas Gutes tun möchte und ihnen so signalisieren möchte, dass man sich auf das Unternehmen verlassen kann, auch wenn einmal etwas schief gegangen ist.

Unternehmensabhängig kann ein weiterer Grund aber auch darin liegen, dass man zum Beispiel durch Preisnachlässe den Verkauf unterstützen möchte. Diese Möglichkeit der Preisnachlässe im Rahmen der Beschwerdebearbeitung wollen wir an dieser Stelle einmal vertiefen und kritisch betrachten. Denn wenn hier kein klares und intern unmissverständlich kommuniziertes Vorgehen geregelt ist, dann kann das unangenehme Folgen mit sich bringen. Neben den Auswirkungen von unterschiedlichen Vorgehensweisen bei gleich gelagerten Fällen ist hier aber noch ein anderes Risiko verborgen. Mit unkontrollierten Preisnachlässen könnte es auch passieren, dass man die Kunden „anfüttert" und sie bei folgenden Fällen immer wieder einen eigenen Vorteil erwarten; ja sogar, dass sich dieser Vorteil ausweitet. Dies passiert vor allem in großen Unternehmen dann, wenn zu viele Mitarbeiter zu viele Möglichkeiten haben. Wählen diese Mitarbeiter doch den einfachsten Weg, wenn sie durch (Über)Kompensation das Wohlwollen der Kunden „erkaufen" können.

Hier schließt sich der Kreis und es wird klar, dass der gesamte Bearbeitungsprozess von der Beschwerdeannahme bis zur Beschwerdelösung – mit allen Facetten der Standardisierung und Kommunikation – aus einem Guss sein muss.

Praxis-Tipp: Der Beschwerdekreislauf

Machen Sie den Kreis
so rund wie möglich…

… und akzentuieren Sie die Punkte im Beschwerdekreislauf, die den Fluss am stärksten behindern. So erreichen Sie eine kontinuierliche Verbesserung und ebnen den Weg für exzellenten Service.

Welche Kennzahlen sind im Beschwerdemanagement besonders interessant?

Holger Brachetti / Andreas Wiegran

1.   Einleitende Bemerkungen

Für das Beschwerdemanagement kann, mit Bezug auf seine originären Aufgaben, eine Zweiteilung vorgenommen werden. Auf der einen Seite kann es als Teil des Kundenbeziehungsmanagement verstanden werden, bei dem man direkten Kontakt mit dem Kunden hat. Neben dieser operativen Aufgabenstellung, in der Literatur auch als Teil des direkten Beschwerdemanagementprozesses bezeichnet, besteht eine weitere Aufgabe darin, aufbauend auf den in diesem Teilprozess erzielten Ergebnissen Impulse für Qualitätsverbesserungen zu liefern. Im Beschwerdemanagement besteht die Herausforderung, Impulse für die Identifikation und Beseitigung von Problemen struktureller Art zu liefern, sozusagen als Teil des Qualitätsmanagements.

Auf diesen Part, der auch als indirekter Beschwerdemanagementprozess bezeichnet wird, wird im nachfolgenden Abschnitt des Buches der Fokus gelegt.

2.   Arbeit mit Kennzahlen – Grundsätzliches

Um Aussagen aus den eingegangenen Kundenimpulsen zu erhalten, müssen diese ausgewertet und aufbereitet werden – die Beschwerdeauswertung wird in der Literatur auch gern als ein Teil eines „indirekten Beschwerdeprozesses" bezeichnet, da er ohne direkten Kundenkontakt abläuft. Für die Auswertung müssen sinnvolle Kennzahlen entwickelt werden.

Die Arbeit mit Kennzahlen, auch im Beschwerdemanagement, kann nur dann den gewünschten Erfolg bringen, wenn sie auf eine sachlich fundierte Erfüllung des Informationsbedarfs der Adressaten der Analyse ausgerichtet ist. Also ist eine Orientierung an den Wünschen der Empfänger unabdingbar. Eine konsistente Auswahl der zu ermittelnden Kennzahlen ist dabei unverzichtbar. So sollte klar definiert werden, welche Kennzahlen wie ausgewertet werden. Hierzu ein Beispiel: In der Standardliteratur wird bei einer Beschwerdequote oftmals vom Verhältnis der Beschwerden zu der Anzahl der Gesamtkunden gesprochen. In der Praxis wird aber bei der Beschwerdequote auch häufig das Verhältnis zwischen Kundenkontakten zu Beschwerden ermittelt. Hier sollte man sich innerhalb eines Unternehmens oder eines Konzerns auf den kleinsten gemeinsamen Nenner einigen. Gerade bei Konzernen mit überregionaler Aufteilung kann es leicht zu feinen Unterschieden in der Kennzahlenermittlung kommen, die später bei der Auswertung zu „verzerrten Ergebnissen" führen. Wichtige Kernaussagen müssen generiert werden, wobei auf ein aufwändiges Kennzahlensystem verzichtet werden kann, da mit Unterstützung der Kennzahlen spezifische Sachverhalte zwar auch dargestellt werden können, jedoch viele Zusammenhänge und Erkenntnisse eher durch eine

Beurteilung der Fachleute generiert werden als durch die Darstellung mehrdimensionaler oder -stufiger Kennzahlensysteme.

Unabhängig von der Ausgestaltung des Kennzahlensystems - die nachfolgenden Grundsätze müssen eingehalten werden:

1. Richtigkeit

2. Aktualität

3. Verständlichkeit

4. Wirtschaftlichkeit

5. gleiche Ermittlungs- bzw. Erhebungsmethode

Zu 1: Richtigkeit

Es besteht sicher Einigkeit darüber, dass die dargestellten Kennzahlen der Wahrheit entsprechen müssen. An einem Zerrbild der Realität besteht von keiner Seite innerhalb eines Unternehmens Interesse.

Zu 2: Aktualität

Die dargestellten Kennzahlen müssen aktuell sein – das führt auch dazu, dass die Berichte zeitlich möglichst nah zum Ende des Berichtszeitraums erstellt werden müssen. Nichts ist uninteressanter als alte Nachrichten. Das kennen wir alle von Zeitungen, die älter als eine Woche sind, denn die Inhalte sind Geschichte. Darüber hinaus erschwert es eine zeitnahe Steuerung von Abläufen, Produkten und abzuleitenden Maßnahmen.

Zu 3: Verständlichkeit

Es sollten nicht mehr Kennzahlen dargestellt und ermittelt werden, als für die notwendige Transparenz der Belange des Unternehmens erforderlich sind. Wenn allerdings die „Top-Kennzahlen" keine ausreichende Aussagefähigkeit besitzen, so sind weitere Kennzahlen und deren Darstellung erforderlich. Also unnötigen Ballast abwerfen! Ein zusätzliches Interesse der Adressaten an den Ergebnissen kann durch eine übersichtliche Darstellung und anschauliche Erläuterung erreicht werden. In jedem Fall müssen die Kennzahlen und deren Inhalte verständlich sein – ein großer Aufwand an Erläuterungen oder eine Darstellung von nicht unmittelbar nachvollziehbaren Zusammenhängen führen zu Verständnisproblemen bzw. können falsch interpretiert werden.

Zu 4: Wirtschaftlichkeit

Auch sollte die Ermittlung der Kennzahlen nicht zu kostenintensiv werden. Bei der Erstellung von IT-Aufträgen zur Tiefenanalyse von Beschwerdegründen ist Augenmaß gefragt. Hier stellt sich immer die Frage, was den Leser des Berichts wirklich interessiert. Eine Darstellung aller Dimensionen und Facetten ist lediglich für den Beschwerdemanager interessant. Dieser kann aus den Kennzahlen schnell Abweichungen feststellen. Die Gründe sind hierbei vielfältiger Natur. Aufgrund der Erfahrung des Beschwerdemanagers, aber auch durch die zur Verfügung gestellten Informationen der Fachabteilungen kann der Manager schnell auf Abweichungen der Kennzahlen operativ einwirken und somit eine Steuerung aus dem Beschwerdemanagement initiieren.

Zu 5: gleiche Ermittlungs- bzw. Erhebungsmethode

Unternehmen mit dezentraler Organisation und mehreren Berichtsstrukturen müssen die Erhebung von Zahlenmaterial im Beschwerdemanagement harmonisieren, damit die dargestellten Zahlen auch miteinander vergleichbar sind und möglichst wenig Raum für Fehlinterpretationen zulassen. Bei einer zentralen Berichterstattung ist darauf zu achten, dass bei der Erhebung der Kennzahlen auf Systembrüche verzichtet wird. Wenn allerdings auf eine neue Ermittlungsmethodik von bisher bereits berichteten Kennzahlen nicht verzichtet werden kann, so muss explizit darauf hingewiesen werden – aus Gründen der Transparenz und Nachvollziehbarkeit. Eine solche Vorgehensweise führt in einem Begleiteffekt auch zu einer größeren Akzeptanz der dargestellten Kennzahlenmessung und deren -erhebung.

2.1   Quantitative und qualitative Betrachtung

Kennzahlen können als absolute Zahlen bzw. Häufigkeiten (zum Beispiel reines Beschwerdeaufkommen innerhalb eines definierten Zeitraums) oder als Verhältniszahlen bzw. relative Häufigkeiten (zum Beispiel Beschwerden im Verhältnis zur Kundenanzahl) dargestellt werden. Absolutwerte stellen Größen dar, die keinen Bezug zu anderen Werten benötigen. Verhältniszahlen entstehen, wenn zwei absolute Zahlen zueinander in Beziehung gesetzt werden und damit eine Größe (hier Anzahl Beschwerden) an einer anderen Größe (hier Kundenanzahl) gemessen wird. Über die Größe im Zähler (Beschwerdeanzahl) soll eine Aussage gemacht werden. So können Relativwerte (zum Beispiel eine Beschwerdequote) als Prozentwert dargestellt werden (Anzahl Beschwerden bezogen auf die gesamte Kundenanzahl). Ein etwas anderes Bild bekommt man durch die Darstellung eines Faktors: Beschwerden je 1.000 oder 100.000 Kunden. Durch das Herunterbrechen auf eine definierte Einheit (1.000 oder 100.000) lassen sich leicht kleinere Unternehmen mit einem großen Konzern vergleichen. Hier sollte man jedoch sehr dosiert mit der Aussagekraft der Zahlen umgehen, da nicht nur die reine Kundenanzahl ein Beschwerdetreiber ist. Bei branchengleichen Unternehmen kann die unterschiedliche Art von Kunden bzw. Kundengruppen zu Abweichungen führen. So zum Beispiel bei Banken (Wertpapierkunden oder Kreditkunden) – man muss also auch ein Auge dafür haben, welche Größen die Kennzahlen beeinflussen, also wie oft etwa ein Unternehmen, mit dem ich mich vergleichen möchte, mit seinen Kunden in Kontakt tritt und damit einen Auslöser für einen Kundenimpuls liefert. Somit können auch Unterschiede in den Geschäftsprozessen sowie unterschiedliche Schwerpunkte in den Geschäftsfeldern bei Unternehmen der gleichen Branche zu unterschiedlichen Vergleichswerten führen.

Reine Absolutwerte zeigen intern Entwicklungen über den Zeitverlauf auf, sind allerdings für einen Vergleich über längere Zeiträume oder mit anderen Unternehmen eher ungeeignet – die Aussagefähigkeit von Quoten ist hier eindeutig überlegen.

Zur Ermittlung von Ursachen von Beschwerden sind Absolutwerte (quantitative Betrachtung) ohne eingehende Kategorisierung wenig hilfreich. Eine qualitative Auswertung auf Basis einer (auch mehrstufigen) Kategorisierung ermöglicht die Identifikation von Schwachstellen. Um die Ursachen feststellen zu können und in einem nachgelagerten Schritt abzustellen, ist eine Verzahnung mit dem Qualitätsmanagement wünschenswert, um Aktivitäten entsprechend anzuschieben. In der Literatur wird als Möglichkeit zum Erarbeiten von Zusammenhängen häufig das Ursache-Wirkungsdiagramm bzw. Fischgräten- oder Ishikawa-Diagramm verwendet. An dieser Stelle sei vorausgeschickt, dass die in der Standardliteratur (5 M – Maschine, Mensch, Mitwelt, Material, Methode) genannten Ursachen „Material" und „Maschine" ggf. zusammengefasst werden können und zusätzlich die Ursache „Kunde" aufgenommen werden muss – diese Entscheidung hängt auch von der Art des Unternehmens und der Art der Produkte ab. Im Falle eines Dienstleisters ist der Kunde in jedem Fall als mögliche Ursache zu ergänzen, da er als Fehlerverursacher nicht zu vernachlässigen ist. Die Ursache „Mensch" ist durch die Ursache „Mitarbeiter" zu ersetzen, schon allein aus Gründen der Unterscheidbarkeit der beiden menschlichen Faktoren „Mitarbeiter" und „Kunde".

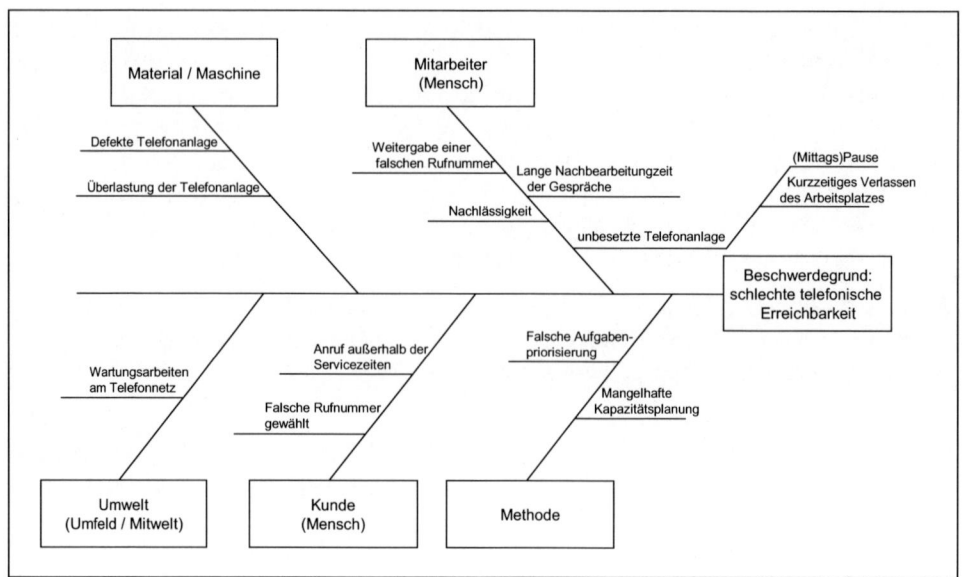

Abbildung 6:   Ursache-Wirkungsdiagramm bzw. Fischgräten- oder Ishikawa-Diagramm
Diagramm (in Anlehnung an Stauss/Seidel 2002 und Eversheim 2000)

Bei einem Ishikawa-Diagramm handelt es sich um eine grafische Methode, die für eine gege-
bene Wirkung (hier: Beschwerdegrund „schlechte telefonische Erreichbarkeit") mögliche
Ursachen ermittelt. Dabei werden in Teamarbeit bzw. Workshops verschiedene mögliche
Ursachen für das Eintreten eines Fehlers bzw. Problems zusammengetragen. Wichtig ist, dass
beim Brainstorming die intuitive Phase und die Wertungsphase nicht zeitgleich innerhalb
eines Workshops laufen. Die Aufzeichnung der zusammengetragenen Ergebnisse erfolgt dann
strukturiert nach Ursachengruppen.

Damit Kundenimpulse in Form von Beschwerden qualitativ und quantitativ ausgewertet
werden können, sollten diese, wenn möglich, mittels einer Datenbank gesammelt werden. Die
Fachbereiche sind in jedem Fall umgehend in den Bearbeitungsprozess einzubinden. Im
Rahmen der Beschwerdeauswertung müssen bzw. können die betroffenen Arbeitsbereiche mit
weitergehenden Informationen versorgt werden, wie etwa Beschwerdehäufigkeiten, Beschwer-
deverteilung usw., die dann in Prozesskosten- oder Kapazitätsbetrachtungen einfließen.

2.2   Darstellungsformen

„Das Auge isst mit" – dieser Leitspruch aus der Gastronomie gilt ebenso, wenn auch in ab-
gewandelter Form, für die Darstellung der im Rahmen der Beschwerdeauswertung ermittel-
ten Ergebnisse. Das Aussehen der gewählten Darstellungsform entscheidet mit, ob uns etwas

anspricht (im übertragenen Sinne „schmeckt") und ob wir Lust haben, uns mit dem Inhalt auseinander zu setzen. Eine verwirrende oder unübersichtliche Grafik kann dazu führen, dass derjenige, der das Bild betrachtet, trotz intensiver Erläuterungen keinen Zugang mehr zu dem dargestellten Sachverhalt findet.

Geeignete Darstellungsformen sind, vor allem mit einem zeitlichen Bezug, Histogramme oder Säulendiagramme. Um Anteile eines Beschwerdetypus an einer Grundgesamtheit darzustellen, eignen sich vor allem Kreis- oder Ringdiagramme.

Aus welchen Kategorien sich die (erfassten) Beschwerden zusammensetzen, kann gut in Form eines Pareto-Diagramms visualisiert werden. Diese Art von Diagrammen wird häufig im Qualitätsmanagement verwendet, da hiermit sehr gut grafisch dargestellt werden kann, welche Einflussgrößen bzw. Ursachen eine größere Wirkung und welche kaum eine Einwirkung auf einen Sachverhalt haben – also sozusagen das Trennen von Spreu und Weizen. Hierbei gibt es zwei unterschiedliche Ansätze zur Darstellung der Beschwerdesachverhalte in Form eines Pareto-Diagramms:

1. eine quantitative Darstellung *einer* Dimension (vgl. Abbildung 7), zum Beispiel die Darstellung der Beschwerdegründe innerhalb eines Zeitraums. Diese Darstellungsform hat den Vorteil, dass nach der Häufigkeit eines Beschwerdegrunds sortiert werden kann und die Darstellung mit einem relativ geringen Zeitaufwand verbunden ist, wenn die Daten zur Verfügung stehen. Auf der anderen Seite ist die Anzahl der Kategorien sinnvollerweise eingeschränkt. Dieses kann auch ergänzend mit einem Median oder einem arithmetischen Mittel angereichert werden, um ggf. den Aussagegehalt zu erhöhen.

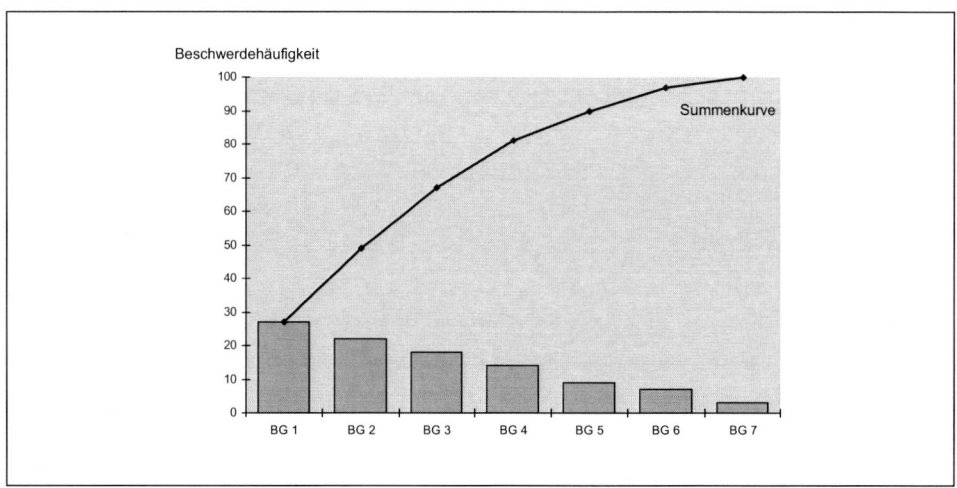

Abbildung 7:   Beispiel für eine Pareto-Diagramm-Darstellung

2. die Darstellung von zwei Kriterien, zum Beispiel die Kosten, die für die Kompensation/Kulanz aufgewendet werden müssen, ergänzt mit einer Aussage über die prozentuale Häufigkeit der Beschwerden. Auch hier werden die Beschwerdegründe nach deren Häu-

figkeit auf der x-Achse abgetragen. Diese Art der Darstellung hat den Vorteil, dass die Grafik eine Aussage dazu generiert, welche Beschwerdegründe aus rein betriebswirtschaftlicher Sicht die größten Auswirkungen haben.

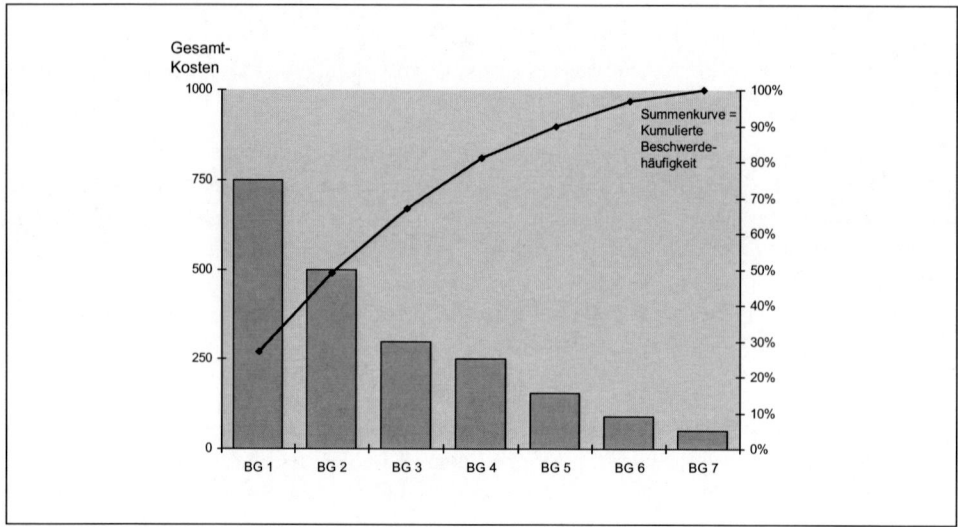

Abbildung 8: Beispiel für eine Pareto-Diagramm-Darstellung

Die angesprochenen Diagramme basieren auf dem Pareto-Prinzip, welches aussagt, dass wenige wichtige Elemente eine Gesamtmenge viel stärker beeinflussen als eine große Anzahl vergleichsweise unwichtiger Elemente. Es wird an dieser Stelle auch häufig vom 80-20 Prinzip gesprochen – es besagt, dass 20 Prozent aller möglichen Ursachen 80 Prozent der gesamten Wirkung erreichen.

These: Das Pareto-Prinzip, auf das „Beschwerdemanagement" angewendet, sagt aus, dass 80 Prozent der Probleme (hier Beschwerden) auf 20 Prozent der Ursachen (zum Beispiel Prozesse/Produkte) in einem Unternehmen zurückzuführen sind.

Die vorgestellten Visualisierungsformen haben eines gemeinsam: Zur Darstellung der Zusammenhänge stehen lediglich zwei Dimensionen zur Verfügung. Als Möglichkeit einer dreidimensionalen Darstellung eignet sich eine angepasste Form eines Frequenz-Relevanz Diagramms, welches in Abbildung 9 beispielhaft dargestellt ist.

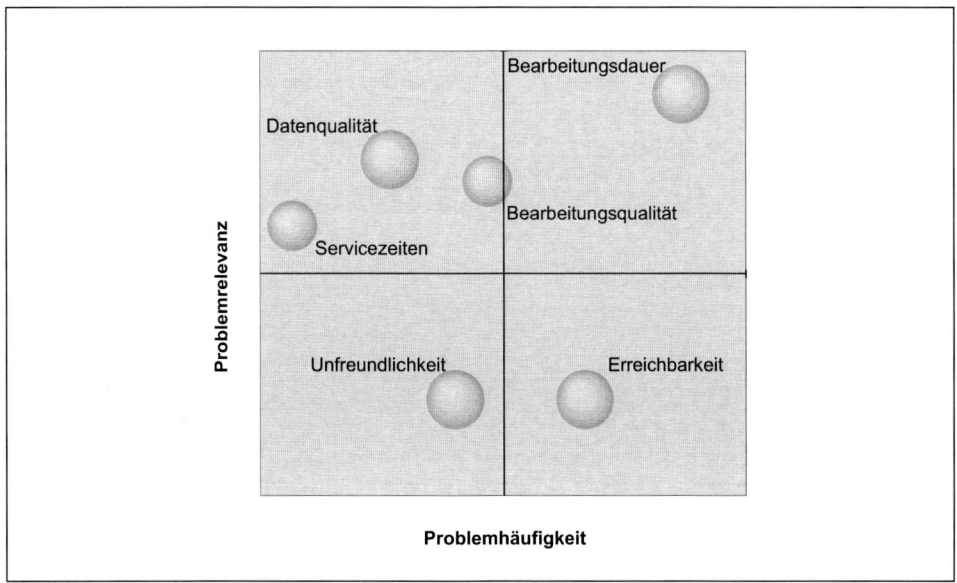

Abbildung 9:   Beispielhaftes Frequenz-Relevanz-Diagramm

Die dritte Dimension wird durch den Durchmesser der Kugeln abgebildet – in dem obigen Beispiel wurde über den Durchmesser der Kugeln eine Aussage über die Problemrelevanz für den Endkunden getroffen.

Einer Frequenz-Relevanz-Auswertung wollen wir vor dem Hintergrund des folgenden Beispiels noch besondere Aufmerksamkeit schenken (in Anlehnung an Stauss/Seidel, 2007). Dazu nehmen wir einmal folgende Beschwerdedaten an:

Tabelle 2:   Beschwerdehäufigkeiten

Art des Problems	Absolute Häufigkeit	Relative Häufigkeit
Unfreundlichkeit	96	8%
Konditionen	600	50%
Bearbeitungsdauer	120	10%
Erreichbarkeit	360	30%
Keine Rückmeldung	24	2%
Summe	1200	100%

In einem Pareto-Diagramm stellt sich das wie folgt dar:

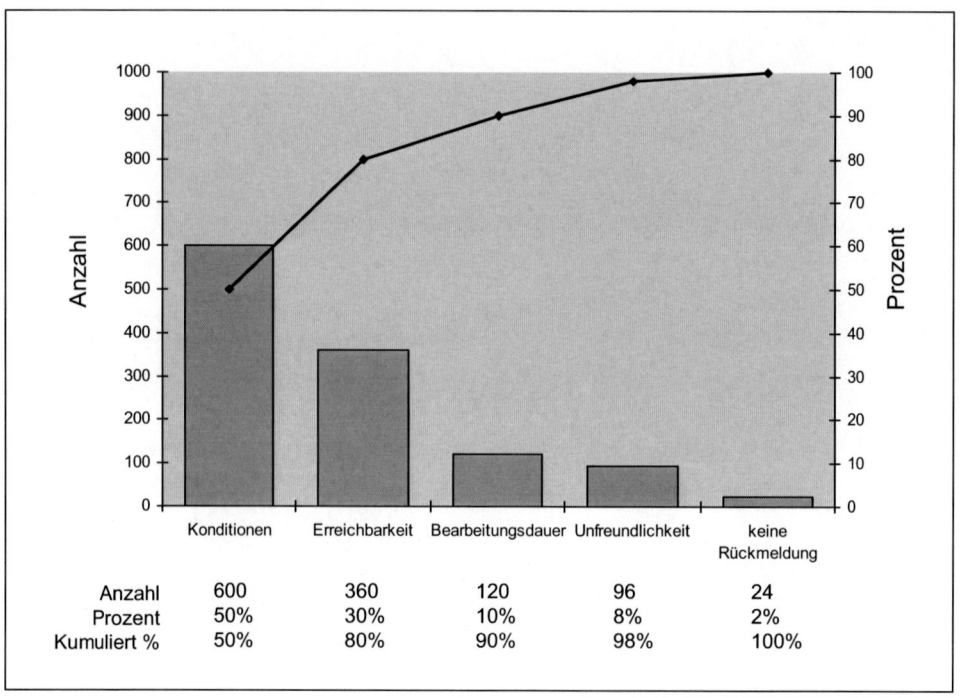

Abbildung 10:   Pareto-Diagramm-Darstellung

Nach dem ersten Anschein hat dieses Unternehmen ein Problem mit den Konditionen und der Erreichbarkeit. Um zu ergründen, wo die genauen Ursachen liegen, wird eine bivariate Messung durchgeführt. Das heißt, den Beschwerdegründen wird zusätzlich ein „Beschwerdeobjekt" zugeordnet. Ein solches „Beschwerdeobjekt" könnte aus Vertriebssicht etwa ein stationärer Filialvertrieb und ein Callcenter sein.

Tabelle 3:   Beschwerdehäufigkeiten nach Beschwerdeobjekten

	Unfreund-lichkeit	Kondi-tionen	Bearbei-tungsdauer	Erreich-barkeit	keine Rück-mel-dung	Summe
Filiale	82 (10,25%)	450 (56,25%)	60 (7,5%)	200 (25%)	8 (1%)	800 (100%)
CC	14 (3,5%)	150 (37,50%)	60 (15%)	160 (40%)	16 (4%)	400 (100%)
Summe	96	600	120	360	24	1200

Werden die Ergebnisse nun nach den Anteilen für den Filialbetrieb und die Bearbeitung im Callcenter aufgeklappt, wird sichtbar, dass die Kundenunzufriedenheit zu den Konditionen ihren Ursprung hauptsächlich im Filialgeschäft hat, während beim Callcenter die Erreichbarkeit (anteilig) als Beschwerdegrund dominiert.

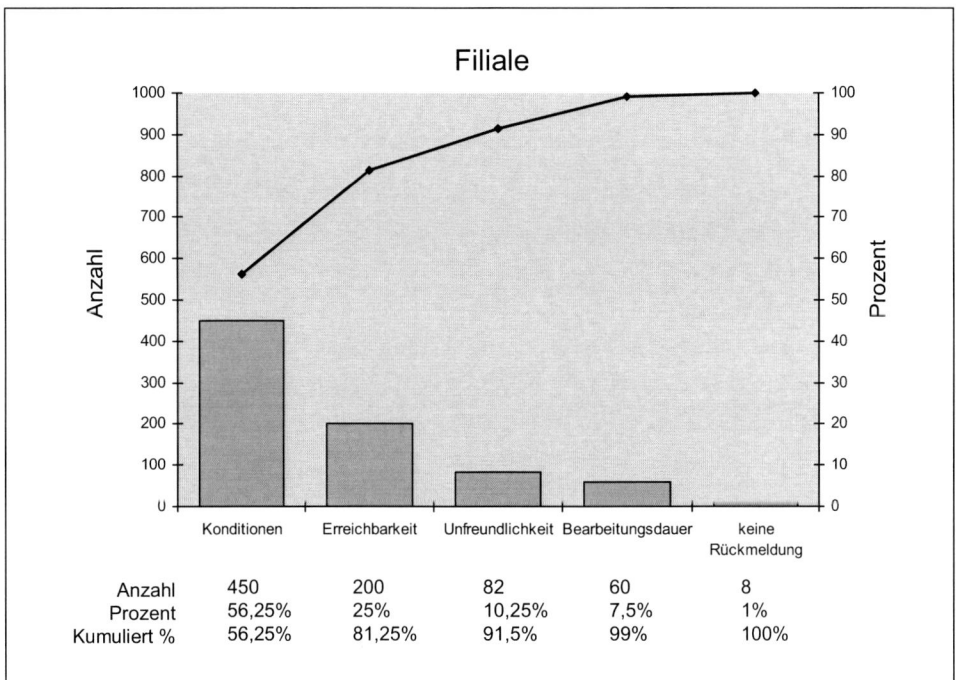

Abbildung 11:   Pareto-Diagramm-Darstellung

Die Themen Erreichbarkeit und Konditionen stehen also beim Filialvertrieb in unserem Beispiel beschwerdeseitig im Vordergrund (> 80 Prozent), nicht erfolgte Rückmeldungen sind nahezu zu vernachlässigen.

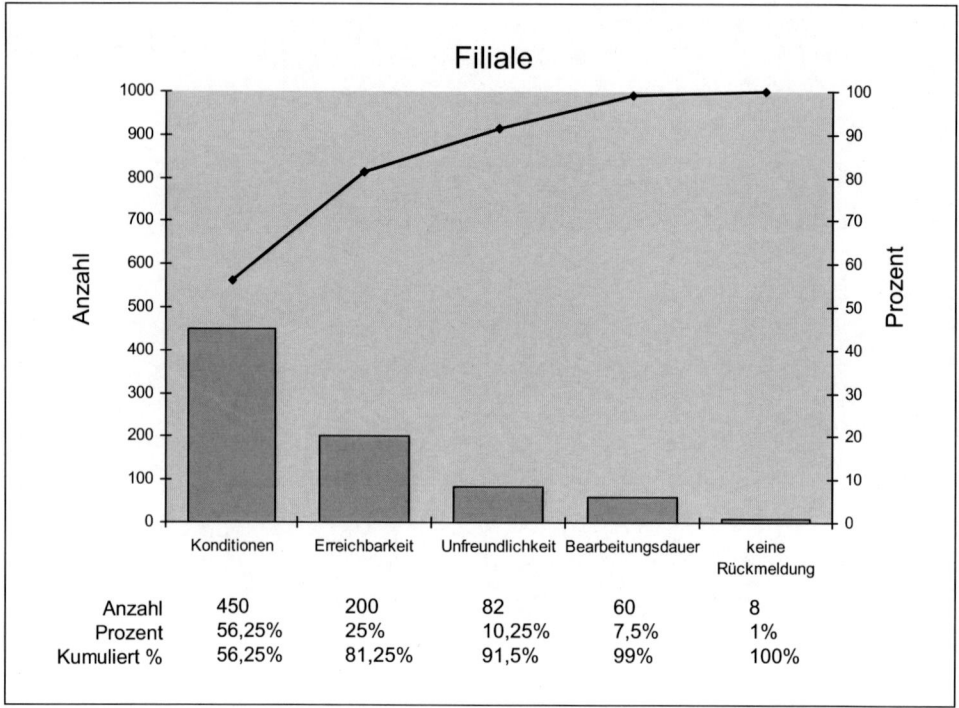

Abbildung 12:   Pareto-Diagramm-Darstellung

Für das Callcenter steht das Thema der Erreichbarkeit verständlicherweise im Vordergrund, die Unfreundlichkeit stellt hingegen kein Problem dar.

Nun ergänzen wir diese Daten noch um Kundenaussagen hinsichtlich der empfundenen Relevanz ihres Problems. Diese Relevanz, also eine Aussage über das Ausmaß der Verärgerung des Kunden, kann im Rahmen einer Kundenbefragung oder Befragung der Beschwerdeführer im Nachgang an die Beschwerdebearbeitung erfolgen. Ein mögliches Ergebnis wird in Tabelle 4 dargestellt.

Tabelle 4:   Relevanzen der Beschwerdegründe aus Kundensicht

Art des Problems	Unfreund-lichkeit	Konditionen	Bearbeitungs-dauer	Erreich-barkeit	keine Rück-meldung
Relevanz	4,2	2,1	3,4	1,5	4,6

Im Rahmen der bereits erwähnten Frequenz-Relevanz-Analyse wird die absolute Häufigkeit des Problemauftritts mit der Relevanz für den Kunden multipliziert. Das Ergebnis ist der Frequenz-Relevanzwert. Im nachgelagerten Schritt wird die Summe über alle Frequenz-Relevanzwerte ermittelt – dadurch lässt sich der Frequenz-Relevanzwert auch prozentual als sogenannter Problemwert-Index (PWI) ausdrücken.

Heruntergebrochen auf unser Vertriebsbeispiel bedeutet das für den Filialbetrieb bzw. das Callcenter folgende Verteilung:

Tabelle 5:   4 PWI* nach Beschwerdeobjekten

Problem	Rele-vanz	Frequenz/ Häufig-keit	Frequenz Filiale (F)	Frequenz-Relevanz-wert (F)	PWI*	Frequenz Callcenter (CC)	Frequenz-Relevanz-wert (CC)	PWI*
Unfreund-lichkeit	4,2	96	82	344,4	18,8%	14	58,8	6,6%
Kondi-tionen	2,1	600	450	945	51,6%	150	315	35,3%
Bearbei-tungs-dauer	3,4	120	60	204	11,2%	60	204	22,9%
Erreich-barkeit	1,5	360	200	450	16,4%	160	240	26,9%
keine Rückmel-dung	4,6	24	8	36,8	2,0%	16	73,6	8,3%
Summe		1.200	800	1.980,2	100,0%	400	891,4	100,0%

$$\text{PWI* (Problemwert-Index)} = \frac{\text{Frequenz-Relevanzwert} \times 100}{\text{Summe aller Frequenz-Relevanzwerte}} = \frac{\text{Frequenz} \times \text{Relevanz} \times 100}{\sum_{1}^{n} (\text{Frequenz} \times \text{Relevanz})}$$

Daraus erhalten wir dann folgende zwei Pareto-Diagramme. Strauss/Seidel (2007) sprechen in diesem Zusammenhang von einem FRAB-Diagramm – Frequenz-Relevanz-Analyse von Beschwerden:

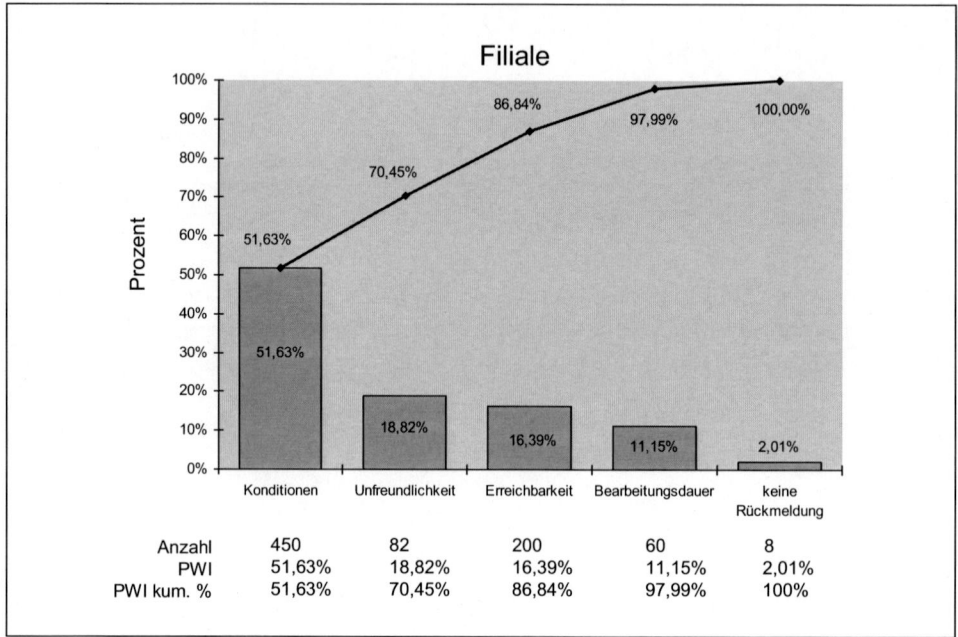

Abbildung 13:   Pareto-Diagramm-Darstellung Filiale

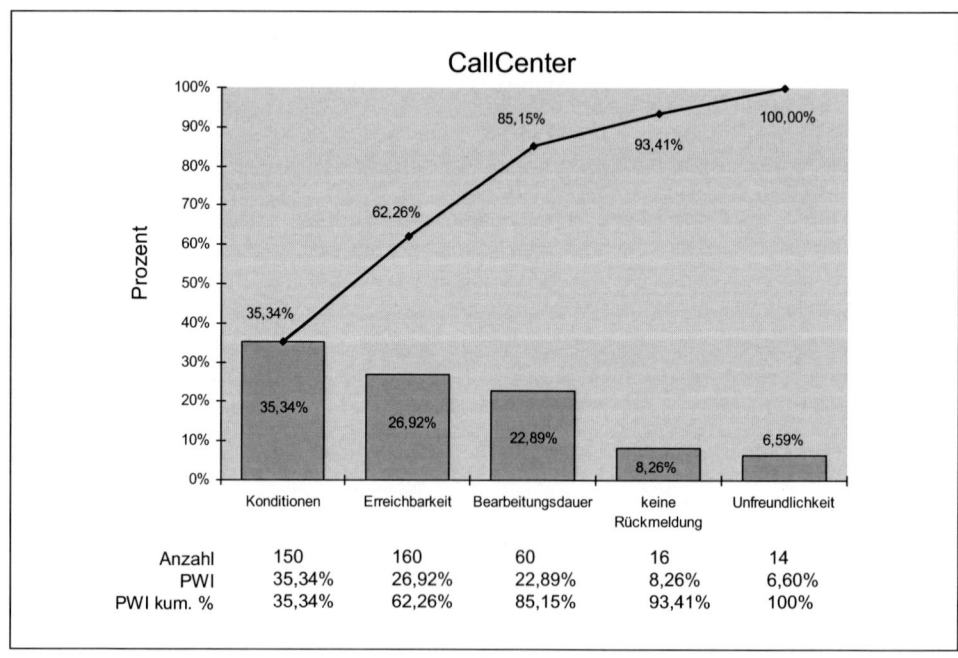

Abbildung 14:   Pareto-Diagramm-Darstellung Callcenter

Die um den Grad der Kundenverärgerung ergänzte Betrachtung führt zu einer differenzierteren Sicht auf die vorliegende Beschwerdethematik. Standen bei der rein quantitativen Betrachtung der Beschwerdesituation noch die Themen Konditionen und Erreichbarkeit im Fokus, so stellt sich dies nun für den Filialbetrieb etwas differenzierter dar: Der freundliche Umgang mit den Kunden – eine originäre Vertriebsstärke – muss offensichtlich wieder mehr in den Vordergrund gerückt werden.

Mit dieser kleinen Abfolge von Auswertungen und Grafiken wollen wir verdeutlichen, dass bei allen Auswertungen neben quantitativen Mengenbetrachtungen, so dieses möglich ist, auch die Relevanz für den Kunden betrachtet werden sollte. Die dann zum Vorschein tretenden Erkenntnisse können in Teilen deutlich von den ursprünglichen Ergebnissen abweichen. Dies führt dann auch zu einer qualitativ belastbaren Aussage bzw. Auswertung.

3.   Kernpunkte eines Beschwerdereportings

An dieser Stelle muss man sich als Beschwerdemanager Gedanken darüber machen, welche Informationen der Adressat benötigt. Der Beschwerdemanager selbst muss in jedem Fall für sich einen Überblick darüber haben, wie sich das Aufkommen an Beschwerden über den zeitlichen Verlauf entwickelt, um ggf. auf Mengenveränderungen im Beschwerdeaufkommen zeitnah reagieren zu können. Hier eignet sich sehr gut eine kumulierte Darstellung der eingegangenen Vorgänge mit Bezug auf eine zeitliche Komponente (Woche/Monat/Quartal).

Für die Berichterstattung sollte standardmäßig ein regelmäßiger Turnus festgelegt werden – die Berichtsintervalle sollten bei besonderen Ereignissen bzw. Situationen unterbrochen werden und die Entscheidungsträger des Unternehmens in Form einer Management Summary informiert werden. Selbstverständlich ist die Management Summary auch im Rahmen des turnusmäßigen Reports zu erstellen. In die Regelkommunikation sind, je nach Organisationsform des Unternehmens, der Vorstand/Geschäftsleitung/Inhaber sowie die Leiter der beteiligten Fachbereiche (z. B. Marketing/Backoffice/Vertrieb) einzubinden.

Das Beschwerdereporting sollte auf folgende Fragen Antworten geben:

- Wie hoch ist die Anzahl der Beschwerden insgesamt?

- Wie hoch ist die Anzahl der Folgebeschwerden insgesamt?

- In welchen Bereichen oder Organisationseinheiten gibt es Häufungen?

- Welche Produkte/Prozesse sind hauptsächlich betroffen?

- Gibt es Unterschiede zwischen einzelnen Regionen oder Kundensegmenten?

■ An wen werden die Beschwerden adressiert? Wie viele Beschwerden erreichen ggf. Aufsichtsbehörden?

■ Wer äußert die Beschwerden? Sind es die Kunden, Vermittler, Händler oder die eigenen Mitarbeiter?

■ Worüber ärgern sich die Kunden am häufigsten? Anmerkung: Hier sollte darauf verzichtet werden alle von den Kunden geäußerten Problemfelder darzustellen, die TOP 3 oder TOP 5 Beschwerdeursachen reichen aus.

■ Wie viele Fälle (auch prozentual) wurden über Kompensationen geheilt?

■ Wie lange ist die Durchlaufzeit der Beschwerden? Wie hoch ist der Durchschnittswert über alle Beschwerden innerhalb des Zeitintervalls?

■ Über welche Kanäle (E-Mail, persönlich, Telefon, Brief, Comment-Card usw.) erreicht die Beschwerde die Unternehmung? Anmerkung: Auch hier lassen sich leicht Ansätze für den Beschwerdemanager für die Öffnung (Stimulierung) oder Schließung der Eingangskanäle ableiten. Die Praxis zeigt, dass es oftmals historisch gewachsene Vorlieben des Beschwerdeführers gibt. Unternehmen müssen sich hier anpassen oder, sofern von der Geschäftsführung gewünscht, gegensteuern.

■ Und vor allem: Welches Kundenverhalten ist aufgrund welcher Beschwerdegründe zu erwarten (zum Beispiel auf Basis einer Frequenz-Relevanz-Analyse)?

Bei einem vorgegebenen Zielwert ist in diesem Zusammenhang darauf zu achten, dass eine reine Betrachtung des Durchschnittswertes (zum Beispiel der Durchlaufzeit) unzureichend ist. Wenn im Beschwerdemanagement eine sehr große Anzahl an schnell zu heilenden Standardvorgängen zu bewältigen ist, kann ein Zerrbild der Realität entstehen. Die große Anzahl an Vorgängen mit kurzer Durchlaufzeit senkt den Durchschnittswert stark. Es ist also darauf zu achten, dass gewisse Servicelevels eingehalten und Ausreißer mit einer extrem langen Bearbeitungsdauer vermieden werden. Eine 100-Prozent-Lösung kann es nicht geben. Ein realistisches Ziel ist es, 85 Prozent aller erfassten Beschwerdevorgänge innerhalb des definierten Zielwertes zu bearbeiten. Falsch wäre es, den Zielwert aus diesem Grund eher etwas höher anzusetzen und so die Messlatte absichtlich zu hoch anzusetzen.

Interessant kann auch eine Betrachtung sein, ob die geäußerten Beschwerden „gerechtfertigt" sind. Dazu ist es allerdings unerlässlich, eine rein sachliche Bewertung zwischen Beschwerdegrund aus Kunden- und Unternehmenssicht für jedermann nachvollziehbar und widerspruchsfrei sicherzustellen. Abgesehen von dieser Tatsache muss allerdings grundsätzlich akzeptiert und auch respektiert werden, dass ein Kunde immer das Recht hat, seinen Unmut zu äußern. Allerdings stellt es für ein Unternehmen einen großen Unterschied dar, ob die vorgebrachten Beschwerden gerechtfertigt und dadurch mit einer Handlungskonsequenz aus Qualitätsmanagementsicht verbunden sind.

Oftmals ist auch die Medienlandschaft für ein gesteigertes Beschwerdeaufkommen verantwortlich. So werden einige Beschwerden durch zum Beispiel einen kritischen Zeitungsartikel oder einen Fernsehbericht ausgelöst. Solche Ereignisse sollten durch entsprechende Kommentare im Report an den zutreffenden Stellen gesondert ausgewiesen werden, um keinen falschen Interpretationen Vorschub zu leisten.

4. Aufsatzpunkte für ein Benchmarking

Das Beschwerdemanagement ist eine große Spielwiese. Das führt dazu, dass man irgendwann wissen will, wo man eigentlich im Vergleich mit anderen steht. Aus einem Beschwerdereporting heraus findet man diverse Ansatzpunkte für einen Vergleich. Allerdings müssen sich die Beteiligten immer darüber im Klaren sein, auf welcher Basis man sich austauscht. Werden reine Beschwerdeanzahlen verglichen, sind diese nicht nur abhängig von der jeweiligen Kundenanzahl eines Unternehmens. Dabei sind auch die Kundenstruktur, die Branche sowie die Produkt- bzw. Vertragsanzahl pro Kunde ausschlaggebend – ebenso wie die Anzahl der Kundenkontakte. Wenn man nur einmal pro Jahr (zum Beispiel im Rahmen einer Abrechnung) mit dem Endkunden einen Berührungspunkt hat, ist die Wahrscheinlichkeit einer Kundenbeschwerde geringer als bei einer regelmäßigen Interaktion mit dem Kunden (bspw. im transaktionsbestimmten Wertpapierhandel).

Einen Ansatzpunkt für ein branchenübergreifendes Benchmarking liefert der Net Promotor Score (NPS) – hierbei handelt es sich um einen Index, der die Wahrscheinlichkeit repräsentiert, mit der die Kunden ein Unternehmen weiterempfehlen werden.

Ausgangspunkt ist die Befragung einer repräsentativen Kundengruppe. Der Anteil der „Promoters", also der hochzufriedenen Kunden, wird ebenso ermittelt wie der Anteil der Kritiker oder „Detractors". Zur Ermittlung der NPS wird der Anteil der „Passiven" herausgerechnet und lediglich die Differenz zwischen den Weiterempfehlern und den Unzufriedenen gebildet.

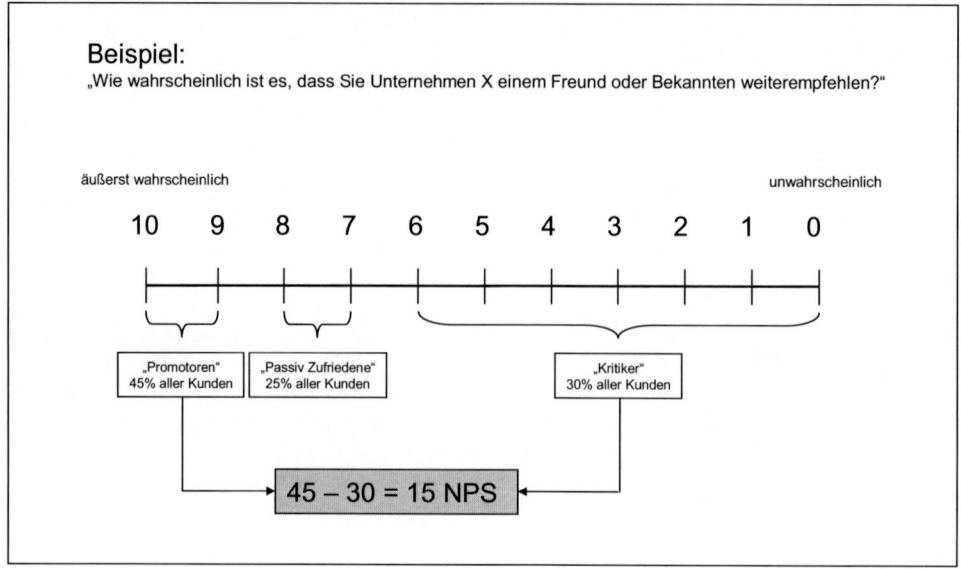

Abbildung 15:   Beispielhafte Darstellung NPS

Der NPS entwickelt sich immer mehr zum Standard, da er gegenüber herkömmlichen Markt-
forschungen viele Vorteile bietet. Dazu muss allerdings angemerkt werden, dass der NPS
„nur" für Unternehmen geeignet ist, die ihre Kunden bereits gut kennen, aber in regelmäßigen Abständen wissen möchten, ob sich an deren (zuvor bereits durch detaillierte Befragung
in Erfahrung gebrachter) Grundeinstellung etwas verändert hat und in welche Richtung diese
Einstellungsänderung geht. So kann zum Beispiel auf kostengünstige Weise „gemessen"
werden, ob für den Kunden wirksame Prozessänderungen auch den gewünschten Effekt mit
sich bringen. Kommt es dabei zu einem unvermutet negativen Feedback, sind nachgelagerte,
detaillierte Recherchen gegebenenfalls durch entsprechende Befragungen notwendig.

Vor einem internationalen Vergleich auf Basis eines NPS sei allerdings aufgrund kultureller
Einflüsse und Unterschiede gewarnt. Hier empfiehlt sich die Nutzung des sogenannten Netpromoter Gaps. Hierbei werden auf lokaler Basis die eigenen Netpromoter Scores mit denen
der lokalen Konkurrenz und Mitanbieter verglichen. Der Netpromoter Gap stellt dabei die
jeweiligen Unterschiede (Gaps) dar. Diese Gaps können dann international verglichen werden, weil der kulturelle Unterschied lokal ausgeglichen wurde.

Die Beschwerdemanager und Autoren dieses Buches empfehlen NPS den Unternehmen, die
die vorgenannten Voraussetzungen erfüllen, als eine der Basiskennzahlen, die ein sehr gutes
Beschwerdemanagement ausmachen. Die leichte Vergleichbarkeit des zu ermittelnden Wertes
ist, neben der Einfachheit und Eindeutigkeit, ein großer Vorteil.

5.   Fazit

Eine Grundaufgabe eines effizienten Beschwerdemanagements ist es, die Probleme, mit denen Kunden an ein Unternehmen herangetreten sind, systematisch zu erfassen und zu kategorisieren. Die Beschwerdeinformationen können anschließend nach verschiedenen Gesichtspunkten in Statistiken und Reports in unterschiedlichen Ausprägungen und Facetten dargestellt werden. Aber die inhaltliche Komponente der Beschwerden darf nicht außer Acht gelassen werden – genauso wenig wie die abgeleiteten Maßnahmen, die in Produkt- und Prozessoptimierungen gemündet sind.

Vor diesem Hintergrund müssen die erfassten Beschwerden in quantitativer wie auch qualitativer Hinsicht gewürdigt werden. Allerdings muss man als Beschwerdemanager darauf achten, dass der Adressatenkreis nicht mit Zahlen, Daten und Fakten überversorgt wird. Eine Vielzahl gesammelter und aggregierter Werte soll weniger zu einem Datenfriedhof führen, sondern vielmehr mit Hilfe dieser breiten Datenbasis die wirklich relevanten Informationen liefern und damit helfen, die Beschwerdeursachen ans Licht zu bringen, um sie anschließend unternehmensseitig beseitigen zu können.

Wie modernisieren wir ein bestehendes Beschwerdemanagementsystem?

Uwe Becker

1.   Wie stellt sich Ihr Beschwerdemanagement heute dar?

Die meisten Unternehmen haben ein Beschwerdemanagement in ihrer Unternehmensstruktur verankert. In vielen Unternehmen existiert beispielsweise eine Reklamationsabteilung, deren Struktur jedoch nicht die Ziele eines klassischen Beschwerdemanagements verfolgt. Aber auch ein Beschwerdemanagement als zentraler Anlaufpunkt für Mitarbeiter und insbesondere Kunden finden wir oftmals in den Organisationsstrukturen einer Unternehmung – oftmals auch als Ombudsstelle deklariert.

Es stellt sich nur die Frage nach der Effektivität und der Anerkanntheit einer solchen Institution. Ist der Tätigkeitsbereich auch tatsächlich in der Art ausgelegt, wie es ursprünglich mit der Einführung geplant war oder ist daraus ausschließlich eine Reklamationsabteilung geworden? Hat die Reklamationsabteilung den Stellenwert in der Unternehmung, die ein etabliertes Beschwerdemanagement haben sollte bzw. haben müsste? Oftmals verlieren sich die ursprünglich mit der Einführung verbundenen Ziele und das Beschwerdemanagement stellt sich nur noch als eine ausschließlich sachbearbeitende Einheit für schwierige oder Sonderfälle dar bzw. ist „die" beantwortende Stelle für Anfragen von Verbraucher- und Aufsichtsverbänden. In einem klassischen Beschwerdemanagement sollten nicht nur die Beschwerden bearbeitet, im Sinne von „abgearbeitet", werden, sondern vor allem Qualitätsgesichtspunkte und Prozessorientierung und somit die Ertragssteigerung eines Unternehmens durch Festigung und Rückgewinnung von Kundenzufriedenheit im Vordergrund stehen.

Oftmals ist die Tätigkeit des Beschwerdemanagements mit einem negativen Image belastet. Dadurch wird die Zusammenarbeit zwischen Vertrieb, Kunden und den Beschwerdemanagern erheblich erschwert und die eigentlichen Ziele eines Beschwerdemanagements können nicht wie vorgesehen verfolgt werden. Ist ein solches negatives Image aufgebaut, muss es nachträglich so schnell wie möglich beseitigt werden.

Vielleicht gibt es das Beschwerdemanagement schon lange Jahre – doch es dümpelt nach einer umfangreichen und zeitaufwändigen Einführungsphase nur so dahin, ohne dass die Geschäftsleitung oder auch andere Fachbereiche einen „zusätzlichen" Nutzen daraus ziehen können, zum Beispiel durch Qualitätsverbesserungen in den Arbeitsabläufen, die aus einer Schwachstellenanalyse abgeleitet werden können. Stellen Sie sich einmal für Ihr Beschwerdemanagement die Frage, ob Sie nur sachbearbeitende Aufgaben ausüben oder ob Sie in Relation dazu auch die Chance nutzen, Qualitätsverbesserungen herbeizuführen. Stellen Sie sich weiter die Frage, welchen Stellenwert das Beschwerdemanagement in Ihrer Unternehmensorganisation hat und ob es die Anerkennung und Akzeptanz genießt, die Sie bei Einführung erwartet haben. Werden diese Fragen verneint, ist es dringend an der Zeit, hieran zu arbeiten, „Ihr" Beschwerdemanagement neu zu etablieren und in die Prozesse „richtig" einzubinden. Daher ist es von besonderer Bedeutung, das Beschwerdemanagement wieder „aufblühen zu lassen" und mit neuem Leben zu füllen. In einem Unternehmen ist das Bewusstsein zu stärken, dass aus Beschwerden gelernt werden und hieraus ein Nutzen erzielt werden kann. Das klingt einfach – doch wie kann das gelingen?

Stellen Sie sich also noch einmal die Frage, wie sich Ihr heutiges Beschwerdemanagement definitiv darstellt und welche Funktion es im Unternehmen tatsächlich hat. Dazu sollten Sie als erstes eine Ist-Analyse der derzeitigen Tätigkeiten vornehmen. Prüfen Sie einfach mit Hilfe eines Fragebogens selbst, welche Aussagen und Fragen Sie für Ihr Unternehmen tatsächlich mit „Ja" beantworten können. Um eine valide Aussage zu erhalten, kann dieser Fragebogen zum Beispiel auch sämtlichen Abteilungsleitern zur Beantwortung gegeben werden. So erhalten Sie auch gleich Erkenntnisse darüber, wo im Unternehmen Ihre „echten Unterstützer und Bremser" zu finden sind.

Fragebogenbeispiel für eine Ist-Analyse zum Beschwerdemanagement:

Aktuelle Aufgabenfelder	ja	nein	beides	weiß ich nicht
Über die Beschwerdebearbeitung/Sachbearbeitung hinaus werden Konsequenzen zur Qualitätsverbesserung initiiert.				
Die Beschwerden werden in einer Beschwerdedatenbank erfasst.				
Schafft das Beschwerdemanagement selbst Kundenzufriedenheit und spricht auch selbst mit den Kunden?				
Auswertung nach Beschwerdegründen, Fehlerquellen, Produkten, Zielgruppen, Prozessen etc.				
Veröffentlichung der Auswertungsdaten an Vorstand, Fachabteilungen, Mitarbeiter				
Initiierung von Initiativenworkshops				
Initiierung von konkreten Verbesserungsmaßnahmen				
Nutzung der Beschwerdeinformationen zur Produkt- und Prozessoptimierung				
Hat das Beschwerdemanagement einen insgesamt hohen Stellenwert in der Organisation?				
Gibt das Beschwerdemanagement Impulse für Mitarbeiterschulungen?				
Werden die gegebenen Impulse oder Maßnahmen auf Umsetzung von Ihnen überwacht?				

Sprechen Sie nach der Auswertung mit Ihren „Befürwortern", um die Stärken zu schärfen und den „Skeptikern", um die Schwächen genau zu ergründen und abzubauen.

Insbesondere wenn die letzten Punkte – die letztendlich die Sinnhaftigkeit eines Beschwerdemanagements ausmachen – nicht mit einem eindeutigen „Ja" beantwortet werden können, stellt sich Ihr Beschwerdemanagement doch eher als eine überwiegend sachbearbeitende Organisationseinheit in Ihrer Organisation dar, die Beschwerden bearbeitet und diese bestenfalls noch statistisch auswertet und reportet. Das ist sicher nicht genug für ein erfolgreiches und anerkanntes Beschwerdemanagement. Der Mix macht es, um hier voranzukommen.

Ein zweistufiges Beschwerdemanagement sollte das Ziel sein. Zum einen die Sachbearbeitung, also die typische Beschwerdebearbeitung, und hierauf aufbauend das aus den Beschwerden resultierende Qualitätsmanagement, mit der Beschwerdeerfassung, Auswertung, Controlling und Maßnahmenumsetzung.

Um dieses zu erreichen, sollte es das Ziel sein, das bestehende Beschwerdemanagement als anerkannten Teil eines ganzheitlich agierenden (Qualitäts-)Managements im Unternehmen zu integrieren. Vorteile sind nun aufzuzeigen, die das Unternehmen und insbesondere deren handelnde Mitarbeiter von den Mitarbeitern im Beschwerdemanagement erfahren. Dieses ist sicher kein Prozess, der sich durch Aufsetzen eines neuen Projektes mit beispielsweise dem Titel „Neuordnung des Beschwerdemanagements" umsetzen lässt. Vielmehr muss dieses neue Verständnis von Beschwerdemanagement wachsen und kann auch Monate oder leider sogar oftmals einige Jahre dauern. Damit uns dieses gelingen kann und wird, bedarf es einiger Überlegungen. Im Folgenden wollen wir uns verschiedene Bausteine ansehen, an denen zu arbeiten ist.

2.   Bausteine des Beschwerdemanagements

2.1   Baustein 1: Organisatorische Angliederung

„Wo sollte ein Beschwerdemanagement angesiedelt sein?"

In der organisatorischen Angliederung und Bezeichnung ist der Stellenwert oftmals ablesbar. Die Bezeichnung „Reklamationsabteilung" im Bereich Service lässt sicher keinen hohen Stellenwert vermuten und deutet eher auf eine sachbearbeitende Funktion bei einfachen Reklamationen hin.

Das Beschwerdemanagement sollte sich auch als solches bezeichnet wissen und im Organigramm einer jeden Unternehmung zu finden sein. So kann das Beschwerdemanagement im

Organigramm als Stabsstelle direkt der Geschäftsleitung unterstellt sein, sich als eigenständige Fachgruppe in einem (strategischen) Bereich wiederfinden oder gar als eigene Abteilung zu finden sein. Welche „Positionierung" für Sie auch immer die Beste zu sein scheint – seien Sie (und die Geschäftsleitung) sich immer über die daraus sowohl intern wie auch extern ziehbaren Rückschlüsse – denn die wird es mit Sicherheit geben – bewusst.

2.2   Baustein 2: Vertrauen schaffen

„Dem Beschwerdemanagement muss jeder vertrauen können."

Eines der wichtigsten Kriterien ist das Vertrauen in das Beschwerdemanagement und in die „handelnden" Personen. Das Beschwerdemanagement erfreut sich nicht immer größter Beliebtheit in einer Unternehmung, denn:

- es konfrontiert ja auch zum Beispiel mit Fehlverhalten einzelner Mitarbeiter und Abteilungen

- es muss diesem Fehlverhalten entgegensteuern und Maßnahmen im Kundeninteresse ergreifen

- es controllt und kontrolliert Arbeitsverhalten und Arbeitsergebnisse

- es schafft Transparenz über Fehlleistungen im gesamten Unternehmen

- es initiiert Maßnahmen und Vorschläge, die andere Bereiche betreffen und greift somit in deren bestehende Arbeitsabläufe ein

Sollte bei Einführung eines Beschwerdemanagements aus den eben genannten Aufgaben heraus eher ein Misstrauen bestehen, gilt es die zugrunde liegenden Vorurteile abzubauen sowie Verständnis für und Transparenz über die Arbeit eines Beschwerdemanagements aufzubauen. Das ist ein Prozess und geht nicht „eben mal so nebenbei" oder „von jetzt auf gleich", wie es ja mitunter gefordert wird. Vertrauen muss wachsen! Niemals sollte ein Beschwerdemanagement sich als eine Art Kontrollorgan verstehen oder deklariert werden, das den Mitarbeitern im Unternehmen ständig ihre Fehler vor Augen hält und mit Maßnahmen, möglicherweise sogar personeller Natur, droht. Sicher ist dieses zwar in bestimmten Situationen erforderlich, aber nicht Grundsatz lösungsorientierten Handelns. Dies muss klar, zum Beispiel in Schulungen und Mitarbeiterveranstaltungen, kommuniziert werden.

Wie wird nun Vertrauen geschaffen? Vertrauen ist etwas Persönliches und mit Zuverlässigkeit verbunden. Bekommt das Beschwerdemanagement zum Beispiel eine Beschwerde direkt vom Kunden übermittelt oder ein entstandener Fehler wird vom Mitarbeiter selbst dem Beschwerdemanager zugeleitet, wird diesem etwas Persönliches bekannt, was oftmals aufgrund menschlichen Handelns und Versagens entstanden ist. Hier erwartet der betroffene Mitarbeiter entsprechendes Handeln seitens des Beschwerdemanagements. Der sensible Umgang mit dieser Thematik wird Vertrauen „automatisch" wachsen lassen. Zeigen Sie dabei dem Mitarbeiter, dass es nicht darauf ankommt, hier Maßnahmen gegen ihn zu initiieren, sondern verdeutlichen Sie, dass es in erster Linie wichtig ist, den dahinter stehenden Kunden zufrieden zu stellen und die Schwachstelle in den Arbeitsabläufen auszumerzen. Es geht nicht darum zu ergründen „wer ist Schuld?", sondern genau aufzuzeigen „woran es gelegen hat". Diese positiv erlebte Erfahrung im Umgang mit der Beschwerde hätte der Mitarbeiter nicht erwartet – und womöglich in der Vergangenheit so auch noch nicht erlebt. Darüber wird er mit seinen Kollegen sprechen und als unbewusster Promoter für das Beschwerdemanagement agieren.

Praxis-Tipp: Suchen Sie Promotoren

Gehen Sie ruhig bewusst auf Mitarbeiter zu, die sie als Promotoren für das Beschwerdemanagement nutzen können. Diese Mitarbeiter sollten Neuem offen gegenüber stehen und gewillt sein, dieses im Unternehmen in die Breite zu tragen. Nicht nur Mitarbeiter, die selbst positive Erfahrungen aus eigenen Beschwerdevorgängen erfahren haben, sind dabei ihre Zielgruppe, sondern auch Mitarbeiter, die das Beschwerdemanagement als so genannte „Beschwerdehelfer" erfahren, d.h., sie helfen Ihnen in der Umsetzung Ihrer täglichen Arbeit und erleichtern bestehende und gegebenenfalls „eingefahrene" Arbeitsaufläufe.

Dieses ist eine wichtige Funktion des Beschwerdemanagements und hilft enorm, Vertrauen aufzubauen. Dem Unternehmen und seinen handelnden Mitarbeitern ist zu vermitteln, dass das Beschwerdemanagement jederzeit Hilfestellungen bei der Beschwerdebearbeitung und Beschwerdelösung anbietet und unterstützend jederzeit angesprochen werden kann.

Vertrauen haben Sie letztendlich dann geschaffen, wenn Sie merken, dass der Vertrieb oder auch andere Abteilungen offen auf Sie zugehen und das Beschwerdemanagement aktiv in die Beschwerdebearbeitung einbindet. Sie greifen helfend und unterstützend ein. Der Einzelne erfährt keine Sanktionen, sondern positive Unterstützung und gibt gern und mehr Beschwerden an das Beschwerdemanagement weiter.

2.3   Baustein 3: Beschwerdeauswertung

„Das Beschwerdemanagement wertet aus, kontrolliert aber nicht."

Sie haben nun Vertrauen geschaffen. Wenn sich dieses Bewusstsein also steigert und multipliziert, dürften Sie in aller Regel mit einem „Mehr" an Beschwerden belohnt werden, aus denen Sie, durch eine wegen der höheren Fallzahlen besseren Schwachstellenanalyse einen höheren Nutzen ziehen können. Ihre Datenbank zur Auswertung der Beschwerden wächst und Sie können aus den Beschwerdehäufungen umfassendere Auswertungen erstellen.

Niemals sollte hierbei seitens des Beschwerdemanagements der Fehler gemacht werden, nun „Rennlisten" zu erstellen, wer oder welche Abteilung bzw. Vertriebseinheit die meisten Beschwerden verursacht oder an das Beschwerdemanagement weitergegeben hat. Auch wenn dieses seitens der Geschäftsleitung oder eines Vertriebscontrollings oftmals gefordert wird, kann das Beschwerdemanagement diese Forderung mit guter Begründung ablehnen. Denn als Beschwerdemanagement geht es darum, aus den Beschwerden zu lernen, diese nachhaltig zum Erkennen von Schwachstellen zu nutzen und so zur Verbesserung der Arbeitsabläufe beizutragen. Werten Sie nun nach Mitarbeiter o.ä. aus, erhalten Sie mit Sicherheit weniger Beschwerden gemeldet, da sich niemand gern Fehler nachweisen lässt und diese auch noch weiterleitet, wenn sie für ihn negative Auswirkungen haben könnten. Sollte die Beschwerdequote womöglich auch noch in Beurteilungssysteme oder Zielvereinbarungen aufgenommen werden, sinkt die Akzeptanz weiter. Letztendlich sinkt dann wiederum die Weitergabe von Kundenbeschwerden zur Analyse und dem daraus hervorgehenden Erkennen der Schwachstellen, da das mühsam aufgebaute und geschaffene Vertrauen durch derartige „Maßnahmen" wieder zerstört wird.

Durch die Auswertung der Beschwerden werden allgemeine Kennzahlen erhoben. Dieses sind meist Beschwerdequote (Anzahl der Beschwerden insgesamt), Eingangskanäle (schriftlich, mündlich, Internet etc.), Dauer der Beschwerdebearbeitung usw. Hier lässt sich sicher noch eine Reihe von allgemeinen Kennzahlen anführen. Üblicherweise werden diese in einem Bericht zusammengefasst und der Geschäftsleitung zur Verfügung gestellt. Diese Art der Auswertung dient also rein statistischen Zwecken. Ein Nutzen ist hieraus noch nicht direkt ersichtlich

Die Akzeptanz eines Beschwerdemanagements kann mit einem solchen eher ausschließlich zahlenorientierten Bericht sicher noch nicht erhöht werden. Vielmehr sollte nun aus dem umfangreicheren Fundus der vorliegenden Beschwerden ein Reportingsystem geschaffen werden, welches als anerkanntes Instrument eine verlässliche Grundlage für geschäftspolitische Entscheidungen darstellt. Das Reporting mit den Analyseergebnissen muss neugierig machen und seine regelmäßigen Erscheinungstermine müssen mit Spannung erwartet werden. Wie kann Ihnen dieses nun im nächsten Schritt gelingen?

Bauen Sie Ihr Reporting dahingehend aus, dass Sie nicht nur die typischen, bisher kommunizierten Kennzahlen auswerten und bekannt geben. Hierbei bietet es sich an, aktuelle Beschwerdegründe in dem Berichtszeitraum mit aufzuführen und die Veränderung dieser Gründe beispielsweise im Zeitvergleich darstellen. Ein produzierendes Unternehmen geht etwa mit einem neuen Produkt an den Markt. Dieses Produkt ist nun seitens des Beschwerdemanagements ins Visier zu nehmen. Beschweren sich beispielsweise im ersten Quartal vermehrt Kunden über fehlerhaftes Material dieses Produktes, sind die Detailäußerungen der Kunden hierzu von Interesse. Eine Entwicklung der Beschwerde über verschiedene Zeitabschnitte ist zu beobachten und auszuwerten. Die für die Materialbestellung und Verarbeitung verantwortliche Abteilung dürfte in diesem Fall Ihren Bericht mit Spannung erwarten. Dort zur Verbesserung ergriffene Maßnahmen sind seitens des Beschwerdemanagements weiter zu beobachten und der Beschwerdeverlauf zu kommunizieren. Perfekt kann in diesem Zusammenspiel die Arbeit des Beschwerdemanagements dargestellt werden. Die Ergebnisse sind im Report darzustellen und erhalten somit Bedeutung für die gesamte Unternehmung.

Greifen Sie daher permanent im Report Themen auf, die sich mit neuen Prozessen oder Produkten befassen. Gab es beispielsweise Beschwerden, weil Sie Bestellvorgänge geändert haben? Beschweren sich Kunden, dass Sie eine neue Hotline für Kundenanfragen installiert haben? Die Kundenreaktionen sind im Report jeweils darzustellen. Wiederum ist die dafür verantwortliche Abteilung und selbstverständlich auch die Geschäftsleitung gespannt, wie diese Veränderungen gewirkt haben bzw. wirken. Stellen Sie ruhig auch im Report dar, wenn es nur positives Feedback hierzu gab. Ein Beschwerdereport ist nicht nur mit Negativschlagzeilen zu füllen. Insbesondere dann, wenn Sie im Report ausführen, dass es keine Beschwerden zu einer neuen Thematik hierzu gab.

Häufig ist auch zu hören, dass getroffene Aussagen im Beschwerdereport so nicht richtig sind, da angabegemäß Kunden dem Mitarbeiter vor Ort schon sehr häufig ihre Unzufriedenheit mitteilten. Sie können dann wieder sehr gut zur Weiterleitung der Beschwerde stimulieren. Schließlich kann in dem Report auch nur das dargestellt werden, was als Beschwerde auch vorliegt und aus dieser Grundgesamtheit werden die Rückschlüsse gezogen.

Ein Beschwerdereport sollte immer die Auffassung des Beschwerdemanagements darstellen. Zu einer Auswertung mit hinterlegten Zahlen und Daten hören Sie als Beschwerdemanager aber oftmals auch viele Themen, die sie eben nicht mit Fakten hinterlegen können. In einer gesonderten Rubrik können Sie somit im Report eine gefühlte oder vermutete Beschwerdequote darstellen. Sie reizen damit zum Nachdenken an und provozieren damit auch, gewisse Prozesse neu zu überdenken und Beschwerden weiterzuleiten.

Erhalten Sie von der Geschäftsleitung und von anderen Abteilungen Rückfragen zum Report, haben Sie Ihre Akzeptanz erhöht und das Beschwerdemanagement etabliert.

2.4   Baustein 4: Akzeptanz auf allen Ebenen

„Das Beschwerdemanagement ist auf allen Ebenen akzeptiert."

Die Arbeit eines Beschwerdemanagements kann nur dann erfolgreich sein, wenn die Akzeptanz im Unternehmen auf den verschiedenen Hierarchieebenen erreicht ist. In Schulungen zum Umgang mit Kundenbeschwerden sind letztendlich alle Hierarchieebenen mit der Arbeit bzw. der Zusammenarbeit mit dem Beschwerdemanagement vertraut zu machen.

Führungskräfte lassen sich aber oft nicht gern in „ihre Karten schauen" und sehen eine hohe Beschwerdequote oftmals als Indiz für schlechte und mangelhafte Arbeit ihres Verantwortungsbereiches an. Diese Einstellung ist zu bereinigen und fordert ein hohes Maß an Überzeugungskraft. Der Beschwerdemanager – am besten mit Unterstützung der Unternehmensleitung – ist hier gefordert und muss die Initiative ergreifen und erneut verdeutlichen, was mit einem Beschwerdemanagement erreicht werden soll. Die Überzeugungsarbeit gelingt jedoch nur, wenn die im Unternehmen Handelnden – von der Führungskraft bis zum Mitarbeiter – merken, dass sie selbst aus dem Beschwerdemanagement Hilfe und Unterstützung erfahren und Vorteile in Form von Arbeitserleichterungen erfahren.

Doch wo fängt man an, diese Funktionen des Beschwerdemanagements zu kommunizieren? Die Erfahrung hat gezeigt, dass man am besten relativ zeitgleich auf allen Hierarchieebenen beginnt. Oftmals wird die Auffassung vertreten, das Ganze muss Top down, also über die Geschäftsleitung und Führungskräfte, vermittelt werden. Zwar müssen diese die Philosophie eines Unternehmens vertreten, aber wird sie auch tatsächlich jederzeit konsequent umgesetzt? Eine Führungskraft, die beispielsweise für einen bestimmten Bereich oder Region zuständig ist, hat oftmals die Einstellung, Beschwerden haben etwas mit Fehlleistungen zu tun und sind negativ behaftet – daraus lernen zu wollen und Chancen zu erkennen ist dieser Führungskraft fern. Es wird eher negativ gesehen, sobald Beschwerden aus diesem Bereich auftauchen. Die Arbeitsergebnisse in Form einer Beschwerde ausgedrückt sollen im eigenen Bereich verbleiben. Diese Art der Subkulturen in einer Unternehmung forciert jedoch keinen unternehmensübergreifenden Qualitätsprozess. Es gilt hier selbstverständlich, die einzelne Führungskraft zu überzeugen, dass diese „Antihaltung" nicht förderlich ist und eine entsprechend veränderte Einstellung zu bewirken. Gleichzeitig sollten Sie die Mitarbeiter dieser Führungskraft als übergeordnete Organisationseinheit einfangen und in der täglichen Praxis bei der Beschwerdebearbeitung unterstützen. In der Breite werden Sie dann als Beschwerdemanager bekannt: „Ich ruf mal das Beschwerdemanagement an, vielleicht können die mir wieder weiter helfen und haben eine Lösung". Das Beschwerdemanagement zeigt damit, dass es für die Mitarbeiter da ist und so wächst das Vertrauen in der breiten Basis. In Mitarbeiterbesprechungen und Führungskräfterunden werden diese positiven Erlebnisse kommuniziert, so dass sich die abweisende Einstellung gegenüber dem Beschwerdemanagement auf allen Ebenen verbessern kann.

Akzeptanz auf allen Ebenen haben Sie dann erreicht, wenn Sie das Vorurteil der aus Beschwerden resultierenden negativen Konsequenzen beseitigt haben und Sie letztendlich mit allen Hierarchieebenen gleichermaßen zusammenarbeiten bzw. von diesen in Anspruch genommen werden.

Akzeptanz auf allen Ebenen erreichen Sie mit einem Beschwerdemanagement zudem, wenn Sie darstellen können, welche Erfolge die Involvierung des Beschwerdemanagements aufweisen kann. Beispiele:

- Darstellung von Produktivitätssteigerungen aufgrund von durch das Beschwerdemanagement angestoßenen Verbesserungsmaßnahmen.

- Erhöhung und Veränderung der Kundenzufriedenheit (Kundenbefragungen).

- Senkung der Abwanderungen von Kunden.

- Vermeidung von Klagen durch Einschaltung des vermittelnden Beschwerdemanagements.

■ Senkung des Reputationsrisikos, das heißt, das Beschwerdemanagement stellt Kundenzufriedenheit wieder her – angedrohte negative Presse wird vermieden.

2.5   Baustein 5: Beschwerdemanagement als Ansprechpartner

**„Das Beschwerdemanagement unterstützt den Vertrieb und verschafft dortige Arbeits-
erleichterungen."**

Ein Beschwerdemanagement sollte sich im Unternehmen dahingehend positionieren, dass es
auch als Dienstleister und Ansprechpartner für den Vertrieb gesehen wird und als anerkannte
Schnittstelle zwischen Vertrieb und Zentralabteilungen fungiert. Im zweiten Baustein haben
wir gesehen, dass es eben von Bedeutung ist, hier grundsätzliche Akzeptanz zu schaffen, die
es im Detail mit der engen Zusammenarbeit des Vertriebes zu vertiefen gilt.

Der Vertrieb ist Kernstück eines jeden Unternehmens. Die Begründung des Beschwerdemanagements mit einer bestehenden Kundenunzufriedenheit – wird eine Verbesserung erzielt,
die nicht nur für den Kunden, sondern insbesondere für die handelnden Mitarbeiter spürbar
ist. Solche Beispiele sprechen sich herum. Diese Bespiele müssen nun aber auch in der Breite
kommuniziert werden. Neben der zusammenfassenden Darstellung der Arbeit des Beschwerdemanagements im sogenannten Beschwerdereport können die Tätigkeit und die Erfolge des
Beschwerdemanagements zum Beispiel in Mitarbeiterzeitschriften oder auf den firmeninter-
nen Intranetseiten veröffentlicht werden. Durch die Darstellung der Erfolge und herbeige-
führten Verbesserungsprozesse wächst erneut die Motivation der Mitarbeiter, Beschwerden
auch weiterzugeben, da spürbare Prozessverbesserungen herbeigeführt werden und Vorteile
erkannt werden. Damit erreicht das Beschwerdemanagement auch an dieser Stelle wieder das
gesetzte Primärziel, möglichst viele Beschwerden zu erhalten, diese zu katalogisieren und
Initiativen zu ergreifen.

Das Beschwerdemanagement als stetiger Ansprechpartner erhöht weiter die Akzeptanz dieser
Einheit bei den Mitarbeitern. Es ist ein andauernder Prozess, dieses Image aufrecht zu erhalten. Die Mitarbeiter, auf deren Mitwirkung des Beschwerdemanagement stets angewiesen ist,
dürfen keine Angst oder Hemmungen haben, die ihnen gegenüber geäußerten Beschwerden
an das Beschwerdemanagement zur Information oder zur Bearbeitung weiterzuleiten. Gern
sollte jede Einheit in einer Unternehmung das Beschwerdemanagement um Rat fragen. Die
Einsicht des Mitarbeiters, „dass man ihnen nichts Böses will", muss wachsen und am Leben
gehalten werden.

Der Mitarbeiter muss in schwierigen Situationen merken, dass er das Beschwerdemanagement jederzeit ansprechen kann und dort einen Ansprechpartner findet, der ihm bei der Beschwerdebearbeitung hilft. Das Beschwerdemanagement kann unterstützen, indem es den
Mitarbeiter beispielsweise auf ein anstehendes Beschwerdegespräch mit einem Kunden vor-

bereitet und fachliche sowie rhetorische Unterstützung/Argumente liefert. Auch kann gemeinsam die Beschwerdesituation anhand der folgenden Fragen beurteilt und besprochen werden:

- Wie ist mit dem Kunden oder Lieferanten umzugehen?
- Wie ist die fachliche und rechtliche Basis zu beurteilen?
- Wie ist der Kunde und dessen Wichtigkeit fürs Unternehmen zu beurteilen?

Der permanente Dialog zwischen Vertrieb und Beschwerdemanagement erhält das Vertrauen auf beiden Seiten.

Diese Hilfestellung, die das Beschwerdemanagement bietet, spricht sich im Unternehmen herum und so gelangen wiederum mehr Beschwerden in das Beschwerdemanagement.

Beispiele für die Unterstützung des Beschwerdemanagements	Ziel
Das BM recherchiert Vorgänge für den Vertrieb, zum Beispiel rechtliche Situation, Nachforschungen.	Der Mitarbeiter erfährt Unterstützung, seine Arbeit wird erleichtert, vertriebshemmende Sachbearbeitung wird verlagert.
Das BM liefert Argumentationen oder Musteranschreiben für die Kommunikation mit dem Kunden/Lieferanten.	Der einzelne Mitarbeiter fühlt sich nicht allein gelassen, Nutzen für den gesamten Vertrieb können hieraus resultieren.
Das BM bearbeitet die Beschwerde selbst.	Der Mitarbeiter wird entlastet und kann sich seinen ursprünglichen Aufgaben widmen. Eine Abstimmung der Kundenantwort sollte jedoch nie ohne den betroffenen Mitarbeiter erfolgen. Die Beschwerdebearbeitung von einem professionellen und geschulten Mitarbeiter stellt die Kundenzufriedenheit schnell wieder her. Es werden für die Kunden individuelle Lösungen geschaffen und die Kundenbindung wird gesteigert.
Das BM nutzt die erhaltenen Beschwerden zur Schwachstellenanalyse für das gesamte Unternehmen.	Arbeitsabläufe und Prozesse können hierauf untersucht werden. Die resultierenden Verbesserungen sind intern zu kommunizieren.

Praxis-Tipp: Beschwerdemanagement hilft nicht nur Kunden!

Ein Mitarbeiter in einer Bankfiliale ärgert sich selbst, dass er ständig mit Kundenbeschwerden zu tun hat, da die Filiale nur einen Geldautomaten hat, der ständig defekt ist und die Kundenfrequenz eigentlich einen zweiten rechtfertigen würde. Durch die Weiterleitung dieser Vielzahl von konkreten Beschwerden und deren zielgerichteter Kommunikation kann das Beschwerdemanagement erreichen, was der Filiale von zentraler Stelle ggf. verweigert wird, wenn keine Kunden die drohenden Auswirkungen nachvollziehbar deutlich machen, nämlich einen korrekt arbeitenden Geldautomaten zu installieren und ggf. einen zweiten Geldautomaten aufzustellen.

Fazit: Kunden, die Beschwerden äußern, aber auch merken, dass sich „nichts tut", was ihren Wünschen entgegen kommt, werden früher oder später die Konsequenzen ziehen. Diese können von Geschäftseinschränkung mit dem Unternehmen über negative „Mund-zu-Mund-Propaganda" bis hin zur Kündigung des Geschäftsverkehrs führen. Kunden, die jedoch ein positives Echo auf ihre Beschwerde wahrnehmen, werden in der Regel zu loyalen Kunden, die das Unternehmen auch weiterempfehlen.

2.6   Baustein 6: Initiierung von Maßnahmen

„Das Beschwerdemanagement ist Teil des Qualitätsmanagements."

Die Initiierung von Qualitätsverbesserungsmaßnahmen ist spürbar zu machen. Dabei nützt es nicht zu kommunizieren, dass das Beschwerdemanagement aus den vorliegenden Beschwerden Schwachstellen im Unternehmen erkennen will und daraus die Beratungs-, Betreuungs- und Servicequalität verbessern will. Dieses eigentliche Primärziel des Beschwerdemanagements bringt den Handelnden jedoch nicht immer einen sofortigen Nutzen und jede Einzelfalllösung verebbt somit schnell. Der Mitarbeiter selbst muss einen sofortigen Benefit verspüren. Von Bedeutung ist, dass aber auch aus diesen Einzelfällen insgesamt Maßnahmen für das gesamte Unternehmen geschaffen werden.

Auch ist zu verdeutlichen, dass nicht aus jeder an das Beschwerdemanagement weitergeleiteten Beschwerde eine Einzelmaßnahme resultieren muss bzw. kann, vielmehr ist zu herauszustellen, dass die Vielzahl der analysierten Beschwerden qualitätsverbessernde Maßnahmen bewirken können, die für das Gesamtunternehmen von Bedeutung sind und dadurch – wenn auch oftmals zeitverzögert – jedem Einzelnen einen Vorteil bieten.

Praxis-Tipp: „Standardisierte" Antworten in „Standardfällen"

Ein Kunde beschwert sich im Vertrieb über die Konditionen seiner Bank. Er hätte der Presse entnommen, es gebe ein neues Urteil oder eine neue Rechtsprechung, dass eine bestimmte Bearbeitungsgebühr nicht berechnet werden darf und fordert nun die Erstattung der Gebühr aus den vergangenen fünf Jahren. Die Vielzahl der an das Beschwerdemanagement weitergeleiteten Beschwerden der Kunden hierzu zeigt, dass es kein Einzelproblem ist. Entsprechend konnte das Beschwerdemanagement bereits die rechtlichen Aspekte recherchieren und die Haltung der Unternehmung hierzu zügig abklären. Eine Argumentation für den Vertrieb wird entwickelt und die Kundenanfragen können dann durch ein Musterschreiben beantwortet werden. Eine zügige Beschwerdebeantwortung ist gewährleistet.

2.7 Baustein 7: Weg von der Bürokratie

„Das Beschwerdemanagement schafft keine Bürokratie."

Die Mitarbeiter müssen bewegt werden, die Beschwerden oder auch nur Anregungen der Kunden an das Beschwerdemanagement weiterzuleiten. Zwar erkennen – wie oben beschrieben – die Mitarbeiter nach einiger Zeit, dass sie hieraus einen Nutzen erfahren und involvieren das Beschwerdemanagement gern. Aber auch für Kundenanregungen oder kleinere Beschwerden, die das Beschwerdemanagement zur Auswertung und Schwachstellenanalyse benötigt, die aber keine Klärung oder Unterstützung durch das Beschwerdemanagement erfordern, sind einfache Wege aufzuzeigen, wie diese in das Beschwerdemanagement gelangen.

Legen Sie als Beschwerdemanager daher keinen Wert auf bestimmte formelle Meldeformulare oder Ähnliches. Die Weiterleitung muss einfach und ohne irgendwelche Bürokratie erfolgen können. Lassen Sie die Wege offen – wichtig ist, *dass* Sie die Beschwerde zugeleitet bekommen und *nicht in welcher Form*. Ob per Anruf, in Schriftform oder per Mail – der Weg sollte Ihnen relativ gleichgültig sein. Beschränken Sie sich auf wenige Pflichtangaben, die den Kunden und den Vorgang identifizieren lassen. Je einfacher und offener der Weg, umso mehr Beschwerden bekommen Sie.

2.8   Baustein 8: Am Eigenmarketing arbeiten

„Das Beschwerdemanagement ist Sympathieträger."

Sich positiv zu verkaufen, ist wichtige Maxime für eine erfolgreiche und anerkannte Tätig-keit. Insbesondere ein Beschwerdemanagement und die dort handelnden Personen haben hieran ständig zu arbeiten und zu feilen. Die Erfolge, die ein Beschwerdemanagement erzie-len konnte, sind daher an geeigneter Stelle zum Beispiel in Mitarbeiterbesprechungen oder Vertriebsrunden, ständig zu kommunizieren und in den Blickpunkt zu bringen. Seien es Ein-zelerfolge in Bezug auf eine spezielle Kundenbeschwerde oder umfassende Maßnahmen, deren Initiierung aus den Beschwerdeprozessen herbeigeführt werden konnten sie sind auf jeden Fall öffentlich zu machen. Nutzen Sie, wie erwähnt, hier zudem Medien wie Intranet, Mitarbeiterzeitschriften oder Ähnliches.

Praxis-Tipp: „Hängen" Sie sich an das Ideenmanagement.

Das Beschwerdemanagement kann sich beispielsweise auch an ein bestehendes Ideenma-nagement oder betriebliches Vorschlagwesen anbinden. Weitergeleitete Beschwerden, die Pro-zessverbesserungen bewirkten, fließen in die dort stattfindende Prämierung mit ein. Der Mitar-beiter, der sich dieser Beschwerde angenommen hat und sie weitergeleitet hat, sollte Prä-mienberechtigter sein.

Nicht zuletzt sind aber auch die Mitarbeiter entscheidend, die im Beschwerdemanagement tätig sind. Bei der Stellenbesetzung der Position des Beschwerdemanagers ist bereits darauf zu achten, dass er Beschwerden offen gegenüber steht und bereit ist, sich dieser anzunehmen sowie Veränderungen initiieren und durchsetzen kann. Über eine offene und vertriebsorien-tierte Einstellung sollte jeder Beschwerdemanager verfügen. Niemals sollte ein Mitarbeiter ohne seinen Willen und ohne sein Wollen auf eine derartige Position versetzt werden. Den Umgang mit Beschwerden muss man wollen und sich dieser Herausforderung bewusst sein.

Auch können Bilder der Mitarbeiter veröffentlicht werden, damit jeder sieht, welches Gesicht sich hinter dem „Helfer" verbirgt.

Besonders gut kann sich das Beschwerdemanagement auf eigenen Seminaren zum Umgang mit Kundenbeschwerden präsentieren. An Beispielen und Praxisfällen kann der Umgang mit Kundenbeschwerden geübt werden. Gleichzeitig ist aufzuzeigen, welcher Nutzen für den Einzelnen und für die Gesamtunternehmung hieraus gezogen werden kann. Nach derartigen Seminaren steigt die Meldung und Weiterleitung der Beschwerden oftmals sprunghaft an, da die geschulten Mitarbeiter im Umgang mit Kundenbeschwerden nun sensibilisiert sind. Sehr schnell merkt man aber auch, dass dieses Phänomen sehr schnell wieder verebbt. Der Be-schwerdeprozess ist daher immer dynamisch – es gibt keinen Stillstand in den Arbeitsabläu-fen, bei der Bereitschaft, sich immer wieder neuen Themen zu widmen, diese ins Gespräch zu bringen und die Erfolge zu kommunizieren. Dies hält die erfolgreiche Arbeit eines Beschwerdemanagers am Leben.

Fazit: Wollen Sie Ihr bestehendes Beschwerdemanagement aufpeppen und es wieder in den Mittelpunkt unternehmerischer Handlungen stellen, können Sie mit dem Zusammenspiel der genannten Bausteine sicher ein neues und innovatives Beschwerdemanagement aufbauen. Bringen Sie sich und Ihre aus den Beschwerden initiierten Maßnahmen ins Gespräch, so werden Sie Vertrauen und Anerkennung ernten.

Die Kombination aus Wissens-, Kunden- und Qualitätsmanagement lässt Ihre tägliche Arbeit im Beschwerdemanagement eine dauerhafte Akzeptanz erreichen. Das Beschwerdemanagement ist dadurch fester und nicht mehr wegzudenkender Bestandteil in der Unternehmensstruktur.

Wie sollte der Beschwerdemanagementmitarbeiter mit Beschwerdeführern umgehen?

Fred Niefind / Oliver Ratajczak

1.   Richtige Einstellung

Beschwerdemanager ist kein einfacher Job, den man „mal eben so" macht oder den man durch das alleinige Absolvieren von Schulungen und Kursen „erlernen" kann.

Diese Grundeinstellung ist von signifikanter Bedeutung, sowohl für die Unternehmensführung, die ein Beschwerdemanagement installieren will oder bereits installiert hat, wie auch für den oder die ausführenden Beschwerdemanager. Die Tätigkeit erfordert starke fachliche und persönliche Qualifikationen, auf die wir später noch detailliert eingehen werden.

Wichtig ist das Hinterfragen der Motivation. So muss sich die Unternehmensführung beispielsweise die folgenden Fragen stellen:

- Was soll das Beschwerdemanagement erreichen?

- Wie kann der gewollte Nutzen des Beschwerdemanagements genau beschrieben und wie soll dieser Nutzen gemessen werden?

- Welche Befugnisse soll das Beschwerdemanagement bekommen und wo soll es organisatorisch im Unternehmen angesiedelt sein?

Die Antworten auf derartige Fragen bestimmen wesentlich den Rahmen, in dem dann die Beschwerdemanager (re)agieren können.

Auch der (künftige) Beschwerdemanager muss seine Motivation ergründen. Hilfreich ist dabei eine kritische Selbstanalyse mit zum Beispiel den folgenden Fragen:

- Warum bin ich für diese Aufgabe der Richtige?

- Welche besonderen Fähigkeiten habe ich, um einem solchen Job standzuhalten?

- Will ich mich wirklich bewusst einer permanenten Konfrontation mit Problemen anderer aussetzen?

- Bin ich bereit, die hohe Verantwortung, die mit diesem Job einhergeht, dauerhaft zu tragen?

So kommen wir zu einem signifikanten Punkt in der Beziehung zwischen Unternehmensführung und Beschwerdemanagement: dem hohen gegenseitigen Vertrauen. Führungskräfte wie auch Mitarbeiter müssen sich darüber im Klaren sein, dass mit der Beschwerdekommunikation eine sehr hohe Verantwortung einhergeht. Zum einen muss sich die Unternehmensführung bewusst machen, dass ein guter Beschwerdemanager als neutraler Betrachter zwischen Unternehmen und Kunde stehen muss. Zum anderen darf die Unternehmensführung nicht beim kleinsten Anzeichen der Abwanderung eines wichtigen Kunden gegen den Beschwerdemanager opponieren, wenn er einem Kunden, weil dieser tatsächlich im Unrecht ist, nicht nachgibt.

Beschwerden sind stets als Chancen zu begreifen, die das Unternehmen und die Kundenbeziehung stärken. Und eben genau hier liegt der größte Zwiespalt. Es stärkt ein Unternehmen nicht unbedingt, wenn ein großer Kunde wegbricht, nur weil er nicht bekommt, was er will und wie er es will, obwohl die Kundenforderung nicht mit dem Angebot des Unternehmens deckungsgleich ist und das Angebot auch nicht generell angepasst werden soll. Es stärkt ein Unternehmen aber auch nicht unbedingt, wenn es zum Halten eines großen Kunden für diesen dauernd „Sonderlocken strickt". Hier ist immer ein großes Maß an Fingerspitzengefühl notwendig. Nur so kann die mitunter nur als Gradwanderung zu bezeichnende Entscheidung zu einer Situation führen, die von allen Beteiligten als Gewinn anerkannt wird.

Generell kann man im Beschwerdemanagement das Phänomen beobachten, dass Beschwerdemanager entweder nur sehr kurz auf dieser Position bleiben, weil sie sich der Belastung dauernd „zischen den Stühlen zu sitzen" nicht bewusst waren, oder aber sehr lange die Position eines Beschwerdemanagers ausfüllen, da sie dort genau ihre Aufgabe gefunden haben. Scheinbar gibt es also einen „Typ Mensch", der besonders für das Aufgabenspektrum im Beschwerdemanagement geeignet ist. Möglichkeiten, um eben diesen zu finden, werden im Folgenden beleuchtet.

2. Fachliche und persönliche Qualifikationen

Was muss nun ein erfolgreicher Beschwerdemanager „mitbringen"?

Die folgende Aufzählung geht auf die verschiedenen Charaktereigenschaften ein, erhebt dabei aber keinerlei Anspruch auf Vollständigkeit, sondern soll lediglich dazu dienen, das Augenmerk auf wichtige Eigenschaften zu lenken. Die Reihenfolge wurde alphabetisch vorgenommen und stellt keine Priorisierung dar.

Wie so oft im Leben, kommt es auf die richtige Mischung an, die sich „leider" nicht in der Form 30 Prozent Einfühlungsvermögen, 20 Prozent emotionale Stabilität, 10 Prozent Geduld und 40 Prozent Kommunikationsstärke zusammenfassen lässt.

2.1 Einfühlungsvermögen und psychologische Grundkenntnisse

Ein Beschwerdemanager muss jederzeit in der Lage sein, sich in die Situation des Beschwerdeführers hinein zu versetzen. Nur so kann er die Gedanken und die Gefühlswelt des Beschwerdeführers nachempfinden und mit ihm in einen partnerschaftlichen Dialog treten. Dazu gehört auch ein Grundwissen über die grundsätzlichen Verhaltensweisen verschiedener Charaktere. So gilt es zu verstehen, wie zum Beispiel ein besonders ruhiger Gesprächspartner „zum Sprechen" gebracht werden kann oder im Umkehrschluss ein Choleriker „zur Ruhe" zu bringen ist. Ebenso ist es von signifikanter Bedeutung, einen sachlich sehr gut informierten Beschwerdeführer von einem „Querulanten" zu unterscheiden. Wie auch immer sich dann die Kommunikation mit dem Beschwerdeführer darstellt, persönliche Empfindungen des Beschwerdemanagers sind dabei weitgehend „auszublenden". Denn sie konterkarieren mitunter das notwendige Einfühlungsvermögen oder stärken es besonders, wenn die Interessen gleich gelagert sind. Eine Gleichlagerung mag zunächst als optimal erscheinen, aber ein drittes Interesse könnte dann „gestört" sein, nämlich das des Unternehmens. So müssen seitens des Beschwerdemanagers die Unternehmensbelange stets berücksichtigt werden, auch wenn diese mit den persönlichen Vorstellungen nicht ganz im Einklang stehen und man lieber dem Beschwerdeführer „Recht geben" würde.

2.2   Emotionale Stabilität

Vor dem Hintergrund des zuvor dargestellten Zwiespalts ist die emotionale Stabilität von besonderer Bedeutung. Es kann sehr aufreibend sein, seiner eigenen Meinung und der eines Kunden nicht nachzukommen, wenn man damit gegen die Unternehmensinteressen verstoßen würde, solange diese mit geltendem Recht vereinbar sind.

Im Rahmen einer Beschwerdetätigkeit gilt es besonders, seine eigenen Emotionen „im Zaum" zu halten. Besonders „negative" Emotionen wie Zorn oder Neid dürfen auf keinen Fall den objektiven Blick auf den zu analysierenden Sachverhalt beeinträchtigen. Derartige Emotionen würden eine nach bestem Wissen und Gewissen zu beurteilende Sachlage sicher stark verzerren.

Anders ist es bei positiven Emotionen, wie zum Beispiel der „kleinen Schwester" des Glücks – der guten Laune. Diese Emotion wirkt sich im Regelfall immer positiv aus. Sie bringt uns dazu, anderen zu helfen und macht uns kreativ. So werden wir in die Lage versetzt, bessere Entscheidungen zu treffen. Forschungen haben ergeben, dass gutgelaunte Menschen Probleme nicht nur schneller, sondern vor allem sorgfältiger und systematischer untersuchen als neutral eingestellte Testpersonen.

Praxis-Tipp: Gute Laune

Gute Laune bei der Arbeit ist leider keine Selbstverständlichkeit, denn zu viele Faktoren können dieses „Ergebnis" beeinflussen. Einige davon können kontrolliert werden, wie zum Beispiel die direkte Arbeitsumgebung, die Zusammenstellung des Teams oder die Qualität des Managements. Andere, wie zum Beispiel die allgemeine Wirtschaftslage, das Wetter oder rechtliche Rahmenbedingungen, entziehen sich aber jeglichem direkten Einfluss. Also gilt es, aus der jeweiligen Situation immer das Beste zu machen, indem man selbst ein Beispiel für Gutgelauntheit gibt und Situationen auslöst, die zu guter Laune führen können. So kann man neben dem eigenen Wohlbefinden auch das des Teams und somit die Arbeitsfähigkeit und -leistung deutlich verbessern.

Eine weitere Emotion, die helfen kann den „rechten Draht" zu einem sehr emotional kommunizierenden Beschwerdeführer zu finden, ist Traurigkeit. Das mag zunächst etwas „verschroben" klingen. Aber wenn Sie einem sehr lautstark agierenden Beschwerdeführer wirklich nahe bringen können, dass Sie sein Verhalten sehr traurig macht, weil es eine verständnisvolle Kommunikation stark beeinträchtigt, vielleicht nahezu unmöglich macht, spiegeln Sie einen emotionalen Zustand. Sie befinden sich sozusagen „auf Augenhöhe" mit Ihrem Gesprächspartner – allerdings auf einem anderen Niveau. Die Chance, den Beschwerdeführer so „herunter zu bekommen", ist durchaus gut. Denn in derartigen Situationen kommt man mit „kontrollierten Emotionen" oftmals weiter als mit Sachargumenten, für die der Beschwerdeführer gerade „nicht auf Empfang" ist.

Praxis-Tipp: Traurigkeit oder Betroffenheit

Probieren Sie es doch einfach einmal aus. Zeigen Sie dem Beschwerdeführer Ihre Traurigkeit. Das tut niemandem weh und Sie können so lernen, wie ein gezielter Einsatz von Emotionen beim Gegenüber ankommt.

2.3   Geduld

Ferner sollte ein Beschwerdemanager immer über ein gehöriges Maß an Geduld verfügen. Das betrifft auf der einen Seite die Kommunikation mit den Beschwerdeführern, auf der anderen Seite aber auch das Voranschreiten von unternehmensinternen Untersuchungen oder das Warten auf Informationen, die für eine genaue Analyse des Vorganges notwendig sind.

2.4   Guter Überblick über interne Prozesse und Methodenkompetenz

Ein Beschwerdemanager sollte intern bestens vernetzt sein sowie allgemein anerkannt und respektiert werden. Ein guter Überblick über sämtliche internen Prozesse ist ebenso unerlässlich wie ein gutes juristisches Basiswissen und „ein guter Draht" zur Rechtsabteilung. Häufig beobachtet man deshalb in Unternehmen, dass die Position des Beschwerdemanagers von Personen besetzt ist, die bereits seit vielen Jahren in diesem Unternehmen arbeiten und hierbei bereits einige Fachbereiche „durchlaufen" haben. Ein fundiertes Wissen über die internen Prozesse ist unerlässlich, da der Beschwerdeführer zwar häufig auch vermutete Ursachen in Verbindung mit dem Beschwerdegrund angibt, diese aber, aufgrund eben der fehlenden „Innensicht", häufig nur auf Vermutungen beruht.

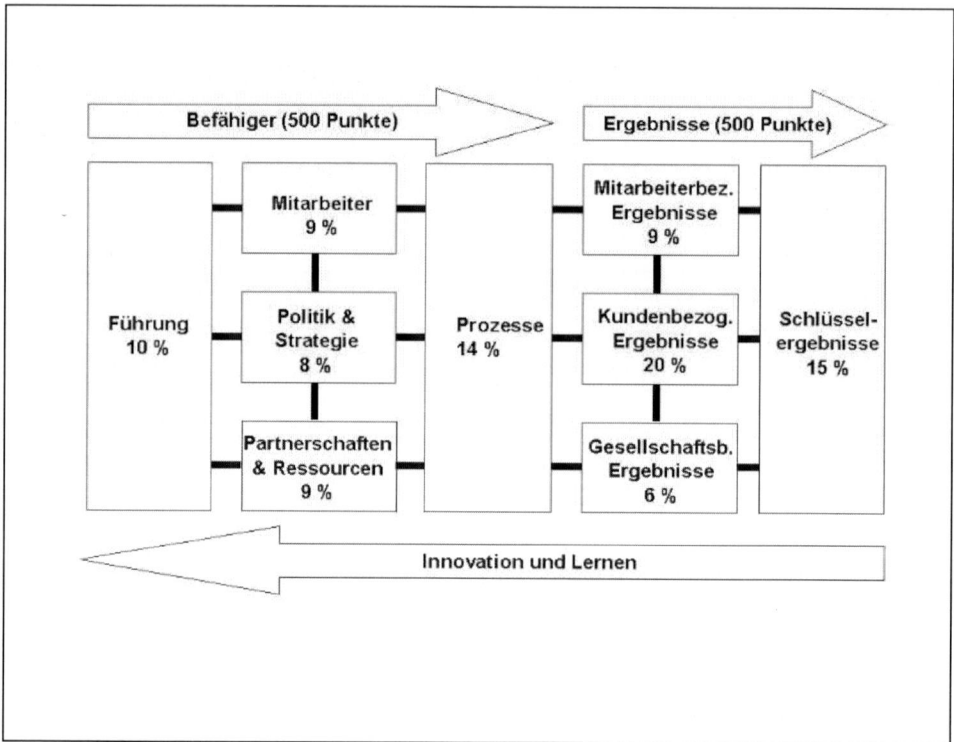

Abbildung 16:   Grafische Darstellung des EFQM-Modells

Um aber dem möglichen Vorwurf, man handele „aus dem Bauch heraus", auch bei einem hervorragenden Überblick über die internen Prozesse zu begegnen, ist eine ausgeprägte Methodenkompetenz unerlässlich. Die konsequente Anwendung, zum Beispiel statistischer

Mess- und Auswertungsmethoden oder eines auf die Unternehmensziele abgestimmten TQM-Ansatzes oder des Einsatzes des EFQM-Models, wird sich durchweg positiv auf die Möglichkeiten griffiger Argumentationsketten auswirken.

Sollte der Leiter des Beschwerdemanagements, zum Beispiel zu Beginn seiner Tätigkeit, nicht über ein weitreichendes internes Prozess-Know-how verfügen, so ist es umso unerlässlicher, dass er sich auf ein Team mit eben diesen Erfahrungen verlassen kann.

2.5   Kommunikationsstärke

Ein wichtiger Punkt in der verbalen Kommunikation ist das aktive (reflektierende) Zuhören. Diese „Disziplin" muss zu den Stärken eines guten Beschwerdemanagers gezählt werden. Aber auch Fragen und Sagen (im Sinne von nachfragen und sich einbringen) muss der Beschwerdemanager zielgerichtet in die verbale Kommunikation einfließen lassen.

Im Rahmen der non-verbalen Kommunikation muss der Beschwerdemanager in der Lage sein, professionell, kundengerecht und somit Image fördernd, Texte zu schreiben, die als Brief oder E-Mail an den Kunden versendet werden. Eine kundenorientierte Kommunikation hat dabei grundsätzlich unter Beachtung eines Corporate Wordings zu erfolgen.

2.6   Offenheit

Der Beschwerdemanager muss grundsätzlich offen für die Worte und Wünsche des Beschwerdeführers sein. Er sollte so seine Ziele und Erwartungen ergründen, da er nur bei deren Kenntnis proaktiv an der Lösung des Problems arbeiten kann. Ferner sollte er aber auch stets „offen und ehrlich" gegenüber dem Beschwerdeführer sein, wenn dieser Wünsche äußert oder sogar Forderungen stellt, die – aus welchen Gründen auch immer – einfach nicht erfüllt werden können. Nur wenn er den Rahmen, in dem eine Lösung möglich ist, klar beschreibt und verdeutlicht, warum es diesen Rahmen zur Problemlösung gibt, werden falsche Erwartungen und Hoffnungen beim Beschwerdeführer vermieden, was so ggf. auftretenden Missverständnissen entgegen wirkt.

2.7   Toleranz

Häufig wird eine Beschwerde als Angriff angesehen und sofort auf Verteidigung umgeschaltet, insbesondere wenn der Beschwerdeführer lautstark seine Interessen vertritt und Sie oder einen Mitarbeiter Ihres Hauses sogar direkt beschimpft. Eine beschimpfend vorgetragene, nicht zutreffende und als unzulässig anzusehende Kritik ruft selbstverständlich diese Abwehrhaltung hervor. Lassen Sie sich davon aber nicht aus der Ruhe bringen.

Beachten Sie grundsätzlich, dass der Kunde ein Recht darauf hat, Sie als Ansprechpartner des Unternehmens auch auf den vom ihm wahrgenommenen Missstand aufmerksam zu machen. Zeigen Sie insofern grundsätzlich Verständnis dafür, dass sich der Kunde beschwert. Machen Sie ihm aber im Falle eines unakzeptablen Vortrags seines Anliegens darauf aufmerksam, dass eine einvernehmliche Lösung auch einer einvernehmlichen „Sprache" bedarf.

2.8   Überzeugungskraft / Empathie

Um wirklich überzeugen zu können, muss der Beschwerdemanager in der Lage sein, den Standpunkt seines Kommunikationspartners zu ergründen und anzunehmen sowie den emotionalen Zustand des anderen zu verstehen. Nur so ist man in der Lage, eine ggf. als feindlich empfundene Haltung des Beschwerdeführers abzubauen. Durch fehlende Empathie könnte eine feindliche Haltung sogar verstärkt und so eine Eskalation begünstigt werden.

Lassen Sie sich ruhig auf dieses „rhetorische Spielchen" ein, es wird Ihnen eine Menge Zeit ersparen. Denn statt eines Beharrens auf Regeln oder den eigenen Standpunkt gestalten Sie die Kommunikation zu einem „Austausch unter Gleichen" – anstatt einem Kampf um „Recht und Vorherrschaft" Tür und Tor zu öffnen.

Allerdings kann durch den Ausdruck von Empathie nicht garantiert werden, dass der Andere sich Ihrem Standpunkt anschließt. Die Wahrscheinlichkeit, so eine gute Basis für eine friedliche Einigung und eine so genannte Win-Win-Situation zu schaffen, wird aber deutlich steigen.

Nutzt dies alles nichts, sollten Sie aber als letztes Mittel jederzeit in der Lage sein, das Unternehmen auch durch schärfere Debatten zu schützen, wenn seitens des Unternehmens kein zu bereinigender Fehler vorliegt und der Kunde renitent auf Ihre bisherigen (empathisch vorgetragenen) Erklärungen reagiert.

3. Wie findet man den richtigen Mitarbeiter?

Wie findet man nun den am besten geeigneten Mitarbeiter, der nicht nur die richtige Einstellung hat, sondern die genau richtige Mischung aller genannten fachlichen und persönlichen Qualifikationen mitbringt? Generell bieten sich hier zwei Wege an, deren Vor- und Nachteile im Folgenden näher betrachtet werden.

3.1 Interne Besetzung

Neben allen bereits besprochenen persönlichen Qualifikationen ist auch eine ausgesprochene Fachkompetenz des Kandidaten von enormer Bedeutung. So äußert der Beschwerdeführer häufig in Form von Schuldzuweisungen vermutete Ursachen des Beschwerdegrundes, ohne interne Organisationsstrukturen des Unternehmens oder die exakte Wirkungsweise des bemängelten Produktes zu kennen. Die Aufgabe des Beschwerdemanagers ist es dann, die wahren Ursachen bzw. Verursacher zu identifizieren, um einerseits eine kurzfristige Lösung des Problems und andererseits eine längerfristige Verbesserung der internen Prozesse bzw. Produkte herbeiführen zu können. Eine breite Fachkompetenz und eine fundierte Kenntnis des gesamten Unternehmens (Abteilungsstrukturen, Prozessabbildungen und Produktportfolio) ist somit ein begrüßenswertes „Fundament" eines erfolgreichen Beschwerdemanagers.

Deshalb erscheint es häufig ideal, die vakante Position eines Beschwerdemanagers aus den eigenen Reihen zu besetzen, da so eine lange andauernde „Grundausbildung" verhindert werden kann.

Eine Rekrutierung aus den eigenen Reihen ist aber nicht als Allheilmittel zu verstehen, da es neben der Fachkompetenz eben auch auf sehr viele Soft Skills ankommt. So verfügt ein Mitarbeiter nach jahrelanger Betriebszugehörigkeit zwar häufig über ein breit gestreutes Netzwerk innerhalb des Unternehmens, doch ist dieses Netzwerk in den meisten Fällen nicht gleichmäßig über alle Abteilungen hinweg gleich stark ausgeprägt. Da die Beschwerdefälle, und mit ihnen die Verursacher bzw. Ursachen, aber häufig über alle Bereiche gleich verteilt sind, kann es hier zu internen Spannungen kommen, da sich manche Abteilungen nicht genug repräsentiert bzw. wertgeschätzt fühlen. So ist eine häufig zu hörende „Feststellung" beispielsweise: „Herr Müller ist jetzt im Beschwerdemanagement. Wetten, dass er nie Fehler im Marketing (seiner vorherigen Abteilung) finden wird?"

Praxis-Tipp: Wahren Sie Neutralität

Um eben solchen Spannungen zu entgehen, versuchen Sie als Beschwerdemanager in allen Fällen immer mit der notwendigen Neutralität zwischen Ihrem Unternehmen, Ihren Kollegen und den Kunden zu vermitteln. Ansonsten kann es leicht geschehen, dass Sie einem „Mehrfronten-Angriff" ausgesetzt werden.

3.2 Externe Besetzung

Um die angestrebte neutrale Position eines Beschwerdemanagers sicherzustellen, wird diese Stelle häufig mit Personen besetzt, die zwar über ein Grundmaß an Branchenkompetenz und den zugehörigen Soft Skills verfügen, aber nicht aus den eigenen Reihen stammen. Wie immer im Leben ist dieses Vorgehen aber auch kein Allheilmittel, da dieser Beschwerdemanager dann zwar über die notwendige Durchsetzungskraft verfügt, sich aber häufig aus den verschiedenen Fachbereichen vorhalten lassen muss, dass er das „Geschäft" nicht versteht.

Praxis-Tipp: Die richtige Mischung macht's

Wir haben in verschiedenen Unternehmen beobachtet, dass eine Mischung der beiden oben ausgeführten Besetzungsformen sehr gewinnbringend sein kann. So kann eine extern besetzte Beschwerdemanagementleitung im Hinblick auf einzuleitende Qualitätsverbesserungsmaßnahmen mit der notwendigen Neutralität agieren, wenn sie durch einen aus den jeweiligen Fachbereichen rekrutierten Mitarbeiter unterstützt wird.

---

4. Internes Marketing

Ist der geeignete Beschwerdemanager gefunden und hat er seine Arbeit aufgenommen, so ist es nicht damit getan, sich „lediglich" um die Beschwerdebearbeitung und deren nachgelagerte Prozesse, wie Beschwerdeauswertung und Qualitätsmanagement zu kümmern. Parallel dazu sollte der Beschwerdemanager mit seinem Team unternehmensinternes Marketing betreiben.

4.1　Was machen die da eigentlich im Beschwerdemanagement?

Den meisten Mitarbeitern im Unternehmen ist bekannt, dass sich das Beschwerdemanagement mit der Bearbeitung oder (im schlechtesten Fall) mit der reinen Abarbeitung von Kundenbeschwerden befasst. Jedoch sind viele nachgelagerte Prozesse gänzlich unbekannt.

Häufig werden Beschwerdemanager für die Kollegen gehalten, die sich um die Querulanten kümmern, die angeblich jedes Unternehmen im Kundenstamm hat. Und da es unvermeidbar ist, dass das Unternehmen Beschwerden erhält, muss es eben auch Kollegen geben, die diese „abarbeiten"; und diese sitzen logischerweise im Beschwerdemanagement.

Wenn das Beschwerdemanagement nicht nur auf diese passive Abarbeitung ausgerichtet sein soll, sondern seine Aufgabe eher ganzheitlich im Sinne des BeschwerdemanagementRegelkreises auffasst, gerät es oft in die Position, Kollegen in den beschwerdeverursachenden Abteilungen auf ihre Fehler hinzuweisen. Dies führt häufig zu Aussagen, wie: „Nicht nur, dass wir Querulanten unter unseren Kunden haben, sondern jetzt wollen uns die Kollegen aus dem Beschwerdemanagement erzählen, wie wir unser Geschäft zu machen haben."

Dieser Zwiespalt, in dem sich der klassische Beschwerdemanager jeden Tag befindet, kann durch internes Marketing überwunden oder zumindest deutlich minimiert werden.

Praxis-Tipp: Ein Besuch bei den Beschwerdemanagern

Neue Mitarbeiter aus allen Abteilungen, ganz besonders aber alle Mitarbeiter, die im Kundendienst, Callcentern oder im direkten Kundenkontakt stehen, sollten die Gelegenheit haben, für einen Tag oder für ein paar Stunden die Kollegen aus ihrem Beschwerdemanagement zu „besuchen". Ein Blick über die Schulter bei der Bearbeitung von aktuellen Beschwerden, eine kleine Diskussion mit den Mitarbeitern zum Thema „schau mal, das liegt gerade auf meinem Tisch, was meinst Du dazu?" oder ein kurzer genereller Überblick über das Beschwerdemagement wird meist mit großem Interesse aufgenommen und bildet eine spannende Abwechslung im Büroalltag.
Auch die Beschwerdemanager lieben diesen Austausch und erzählen in der Regel gerne über ihren Arbeitsalltag, Kuriositäten, spannende Einzelfälle oder geben einfach Tipps, wie mit schwierigen Fällen umgegangen werden kann.

4.2   Tue Gutes und rede darüber

Wichtig ist, dass das Beschwerdemanagement in den Augen des Unternehmens nicht lediglich als eine Abteilung betrachtet wird, die zwar benötigt wird, aber keinen Mehrwert schafft. Dem ist nämlich ganz und gar nicht so.

Das geflügelte Wort, dass der sich beschwerende Kunde eine Art kostengünstiger Unternehmensberater ist, wurde in den letzten Jahren sehr strapaziert. Es enthält aber eben die Botschaft, dass sich jede Beschwerde auf mindestens einen unzufriedenen Kunden und somit auf mindestens einen „Fehler" im Prozess oder im Produkt zurückführen lässt und somit die Chance bietet, eben jene Fehler für immer auszuschalten.

Dies muss jedem Mitarbeiter im Unternehmen, von der Geschäftsleitung bis zum Fachbereich bzw. zur Produktion, bewusst gemacht werden. Das ist die Aufgabe des unternehmensinternen Marketings.

■ Bieten Sie neben den Schulungen für die Mitarbeiter des Beschwerdemanagements auch regelmäßige Kurzschulungen zum „Sinn" des Beschwerdemanagements für die gesamte Belegschaft an.

■ Machen Sie bei jeder Möglichkeit klar, dass es nicht die Aufgabe des Beschwerdemanagements ist und sein kann, die Anzahl der Beschwerden zu minimieren.

■ Versuchen Sie mit einem eigenen Bereich im Intranet präsent zu sein, in dem Sie die aktuelle Arbeit des Beschwerdemanagements vorstellen.

■ Erstellen Sie nicht nur ein Reporting für die Geschäftsführung, sondern auch, eventuell angereichert mit einer sehr geringen Anzahl von aussagekräftigen Kennzahlen, für die Kollegen aus den Fachbereichen.

Praxis-Tipp: Rede über Gutes!

Wenn wir Sie auffordern „Tue Gutes und rede darüber": Wie wäre es, wenn Ihre Beschwerdemanager mal ganz ausgesprochen über Gutes reden, nämlich über das, was Ihre Mitarbeiter gut machen? Denn auch das sind Kundenäußerungen, die Sie im Beschwerdemanagement erhalten. Teilen Sie Lob, das sie erhalten, reden Sie nicht nur über den negativen „Fall der Woche" – denken Sie auch an breite Kommunikation, wenn Sie Kundenlob erhalten. Oft geben Kunden gerade einzelnen Mitarbeitern ein besonders positives Feedback, schicken Dankesschreiben oder äußern sich in Kundenbefragungen zu bestimmten Erlebnissen besonders positiv. Reden Sie über Gutes!

Ein weiteres Beispiel:

Im Beschwerdemanagement eines internationalen Bankhauses werden die Ergebnisse von so genannten Mistery-Shoppings in den Bankfilialen regelmäßig im Intranet in Form eines Rankings veröffentlicht. Diese Art der Transparenz führt zu einem regelrechten abteilungsübergreifenden Wettbewerb, der eventuell auch im Rahmen der aus den Beschwerden abgeleiteten Qualitätsverbesserungsmaßnahmen denkbar ist.

Hier ist im Unternehmen klar abzustimmen, ob und wie derartige Rankings eingesetzt werden sollten. Denn auf der einen Seite trägt so etwas sicher zu einem guten internen Wettbewerb bei und kann durchaus motivations- und somit servicefördernd wirken. Auf der anderen Seite kann es aber auch zu einem „Fingerpointing" auf die nicht so gut dastehenden Unternehmenseinheiten führen. Damit würde aber genau das Gegenteil des gewollten Effektes, nämlich eine mitunter sogar nachhaltige Demotivation erreicht werden.

5.   Mitarbeiterschulung

Wichtig erscheint eine Unterscheidung zwischen Schulungen neuer Mitarbeiter im Beschwerdemanagement und Mitarbeitern, die bereits seit Jahren in diesem Bereich arbeiten.

5.1   Schulungen für neue Mitarbeiter

Mitarbeiter, die neu ins Beschwerdeteam kommen, sollten in Rahmen von Schulungen auf den hausinternen Standard der Kommunikation und das unternehmensinterne Verständnis des Beschwerdemanagements geschult werden. Während der ersten Wochen sollte dem neuen Kollegen ein im Beschwerdemanagement erfahrener Mentor zur Seite gestellt werden, der in Zweifelsfällen immer Rat weiß.

Im Folgenden finden Sie einige Beispiele für mögliche Schulungsthemen und Inhalte.

5.2   Thema: Beschwerdewahrnehmung

Ein wichtiges Thema, um potenzielle Beschwerdemanager in ihr zukünftiges Aufgabengebiet einzuführen, ist ein Schulungsteil zum Thema „Beschwerdewahrnehmung". Häufig begegnete uns die Ansicht, dass man als „Kunde" immer das Anrecht darauf habe, einem Unternehmen „seine Meinung" in Form einer Beschwerde zu sagen und dass dieses Unternehmen sich dieser Beschwerde dann mit vereinten Kräften zu widmen habe. Dies ist nach unserer Meinung ein falsch verstandener CRM-Ansatz, der auch durch viele Artikel und Bücher rund um den „König Kunde" geschürt wurde bzw. wird. Wir sehen die fruchtbare Arbeit eines Beschwerdemanagements eher in einer Rolle als Mediator, denn als „Parteilicher", der dem „König Kunde" um jeden Preis zu dienen hat.

Dies möchten wir anhand einer Seminarübung verdeutlichen, die so bereits bei Mitarbeiterschulungen erfolgreich eingesetzt werden konnte.

Der Seminarleiter beginnt damit, die zu schulenden Mitarbeiter mit einer Situation vertraut zu machen, indem er die folgende Situation beschreibt:

„Stellen Sie sich vor, dass Sie in einem großen Supermarkt in der Schlange vor der Kasse warten. Plötzlich sagt die Kassiererin zu dem Kunden vor Ihnen: „Die Schlange endet hinter Ihnen! Bitte achten Sie darauf, dass sich hinter Ihnen keiner mehr anstellt. Ich habe nun Feierabend!" Diese Beschreibung soll die zu schulenden Mitarbeiter in die Lage versetzen, sich selbst als Kunde in die Rolle eines potenziellen Beschwerdeführers begeben zu können.

Häufig wird von den Schulungsteilnehmer im Rahmen ihrer schriftlich niedergelegten ersten Gedanken keinerlei Verständnis für dieses absolut kundenunfreundliche Verhalten der Kassiererin gezeigt.

Im direkten Anschluss erläutert der Seimnarleiter dann den möglichen Hintergrund für das Verhalten der Kassiererin und führt beispielsweise aus, dass dass im Normalfall zehn Kassiererinnen eingeteilt sind, heute aber aufgrund von Krankmeldungen nur fünf zur Arbeit erschienen sind.

In der sich nun anschließenden Diskussion wird häufig besprochen, ob sich die eigenen Gefühle bei der Vorstellung der Situation durch die Präsentation der Zusatzinformationen geändert haben. Häufig erleben wir hier ein kontrovers diskutiertes Unverständnis für das Verhalten der Kassiererin. Einerseits kamen viel unglückliche Umstände zusammen, so dass man das Verhalten der Kassiererin in gewisser Weise zwar nachvollziehen, aber aufgrund der unprofessionellen Kommunikation nicht hinnehmen könne.

Diese Art der Schulung verdeutlicht den späteren Beschwerdemanagern mögliche Situationen mit ihren späteren Kommunikationspartnern, den Beschwerdeführern. So wie sie im Rahmen dieser Schulung, werden auch die Kunden häufig keinerlei Verständnis für die „Gründe" des „Fehlverhaltens" haben.

5.2.1   Thema: Kommunikation

Ein weiterer wesentlicher Abschnitt der Mitarbeiterschulung sollte Kommunikationstraining inklusive der allgemeinen Definition von „Kommunikation" und möglichen Schwierigkeiten beim Formulieren von Nachrichten sein.

So wird die vom Sender zum Empfänger zu übermittelnde Nachricht in Worte gefasst und somit „codiert". Der Empfänger versteht dieses Wort und „decodiert" bzw. interpretiert die Nachricht. Jeder hat bereits Situationen erlebt, in denen vom Sender eigentlich eindeutig formulierte Nachrichten beim Empfänger „falsch" verstanden wurden.

Dieser Schulungsteil sollte die Mitarbeiter des Beschwerdemanagements für solche „Missverständnisse" und Kommunikationsprobleme sensibilisieren. Es reicht eben nicht, einen Sachverhalt nur möglichst eindeutig darzulegen, damit der Empfänger, in unserem Fall, der Beschwerdeführer, diesen eindeutig nachvollziehen kann. Deshalb ist es so wichtig, die Kommunikation mit dem Beschwerdeführer nicht einseitig zu gestalten, sondern nach Möglichkeit immer einen Dialog zu suchen, in dessen Verlauf auch mögliche Missverständnisse gleich ausgeräumt werden können.

Neben den „Basisthemen" wie Beschwerdewahrnehmung und Kommunikation ist den neuen Mitarbeitern vor allem auch die Beschwerdedefinition des Unternehmens deutlich zu vermitteln. Sofern Sie im Rahmen des Beschwerdemanagementprozesses einen Akzeptanztest anwenden, sollte dieser auch am Ende der Schulung von den Teilnehmern durchgeführt werden. Um die Nachhaltigkeit der Schulung festzustellen, sollte der Test etwa acht bis zwölf Wochen nach Abschluss der Schulung wiederholt werden.

5.3   Regelmäßige Schulungen der Beschwerdemanager

Bei derartigen Schulungen kann man ein hohes Verständnis der „Basisthemen" voraussetzen. Trotzdem sollten diese regelmäßig und wohldosiert vertieft werden. Im Vordergrund der Schulungen von Beschwerdemanagern sollten aber grundsätzlich Themen stehen, die die persönliche Weiterentwicklung fördern. Aus diesem Grund ist hier weniger an Schulungen im eigentlichen Sinne zu denken. Vielmehr sollten in Workshops „Live-Themen" aufgegriffen werden, um praktisch sofort verwertbare Lösungen zu schaffen. Dabei sollten sich die Workshops aber auf Themenschwerpunkte, wie zum Beispiel Prozesscontrolling oder Schwachstellenanalyse und Prozessoptimierung, konzentrieren. Bei einem derartigen Vorgehen ist es sinnvoll, wenn in regelmäßigem Dialog zwischen Beschwerdeabteilung und der für Schulung zuständigen Abteilung ein Austausch über den aktuellen Schulungsbedarf stattfindet.

Auch hierzu im Folgenden einige Beispiele über mögliche Schulungsthemen und -inhalte:

5.3.1   Thema: Beschwerdecontrolling

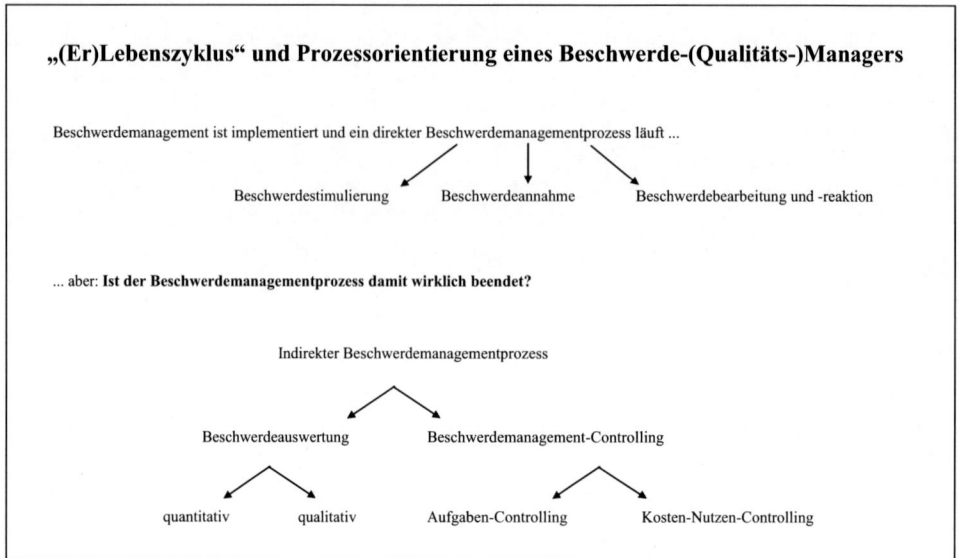

Abbildung 17:   Schulungsfolie zum Standort des Beschwerdecontrollings im Beschwerdema-
*   nagementprozess*

Auch über den Aufbau des Beschwerdecontrollings, die entsprechend gewollten Aufgaben
und damit die Ergebnisse, muss sich intensiv auseinander gesetzt werden. Ansonsten läuft das
Unternehmen Gefahr, über mehr als eine quantitative Schwachstellenanalyse nicht hinaus zu
kommen.

Beschwerdemanagement: Erfolgskriterien und Ergebnismessung

Beschwerdeinformationen operationalisieren

Beschwerdegründe ins RATER-Verfahren einteilen:

Reliability (Verlässlichkeit)	z. B.:	Terminabsprachen / Leistungsumfang Preis- und Leistungsverzeichnis Rechnungstellung / Rechnungsabschluss
Assurance (Kompetenz)	z. B.:	Beratungs- / Fachkompetenz Vertrauenswürdigkeit / Bankgeheimnis Freundlichkeit / Servicebereitschaft
Tangibles (physisches Umfeld)	z. B.:	Standort / Geschäftsräume Kleidung / Erscheinungsbild der Mitarbeiter
Empathy (Einfühlungsvermögen)	z. B.:	Verständnis für Kundenprobleme Verhalten bei Beschwerdeannahme und -beantwortung Flexibilität , „richtig" auf Kunden(wünsche) zu reagieren
Responsiveness (Einsatzbereitschaft)	z. B.:	zeitliche Flexibilität Leistungsbereitschaft der Mitarbeiter Bearbeitungsdauer

Abbildung 18:   Schulungsfolie zum Operationalisieren von Informationen

Mit diesem Beispiel wird eine Methode gezeigt, wie Beschwerdeinformationen aufbereitet werden können, um sie in ein planvolles Controlling einfließen zu lassen.

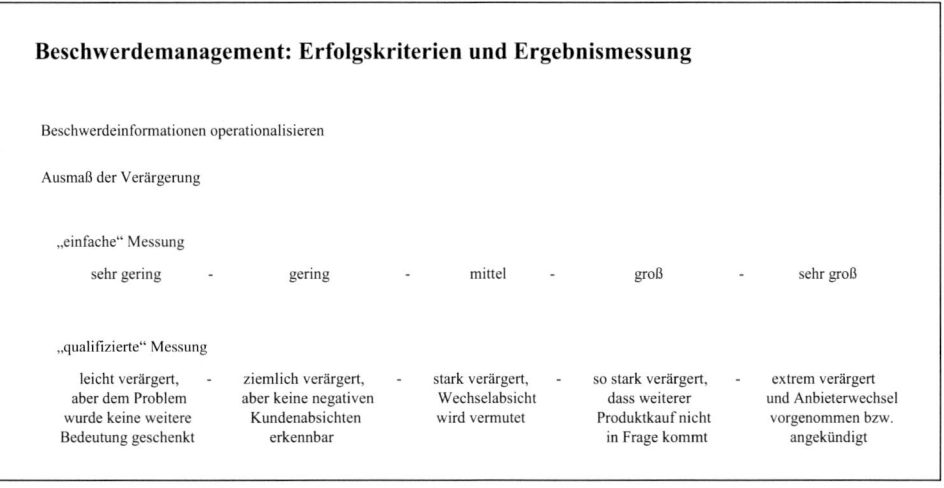

Abbildung 19:   Schulungsfolie zum Operationalisieren von Informationen

Sicher sind „einfache" Messungen, die meistens der Einfachheit halber auch nach dem Schulnotenverfahren vorgenommen werden, ein probater Weg der Informationsgewinnung. Aber welche Aussagekraft haben sie? Wie wollen wir wissen, dass der Kunde bei Vergabe einer „eins" ein sicherer Wiederkäufer oder Empfehler ist oder dass er nicht bereits bei Vergabe einer „vier" eine gefestigte Abwanderungsabsicht in sich trägt? Durch eine Qualifizierung der Antwortmöglichkeiten erlangt man Sicherheit über derartige Fragen.

5.3.2   Thema: Psychologie

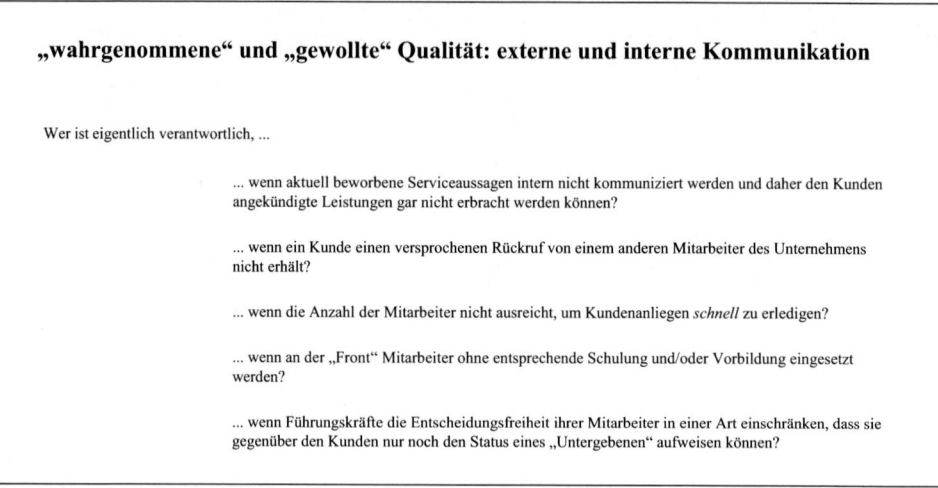

„wahrgenommene" und „gewollte" Qualität: externe und interne Kommunikation

Wer ist eigentlich verantwortlich, ...

... wenn aktuell beworbene Serviceaussagen intern nicht kommuniziert werden und daher den Kunden angekündigte Leistungen gar nicht erbracht werden können?

... wenn ein Kunde einen versprochenen Rückruf von einem anderen Mitarbeiter des Unternehmens nicht erhält?

... wenn die Anzahl der Mitarbeiter nicht ausreicht, um Kundenanliegen *schnell* zu erledigen?

... wenn an der „Front" Mitarbeiter ohne entsprechende Schulung und/oder Vorbildung eingesetzt werden?

... wenn Führungskräfte die Entscheidungsfreiheit ihrer Mitarbeiter in einer Art einschränken, dass sie gegenüber den Kunden nur noch den Status eines „Untergebenen" aufweisen können?

Abbildung 20:   Schulungsfolie zum Thema Kommunikation

Machen Sie deutlich, dass Sie sich über alle möglichen Beschwerdeursachen – auch die, die ausschließlich im zwischenmenschlichen Bereich liegen – im Klaren sind. Die „Auflösung" der oben gezeigten Folie lautet im Übrigen: „Egal wer verantwortlich ist, wichtig ist in erster Linie der Kunde! Vergeuden Sie keine Kraft für das Aufspüren von Verantwortlichen, sondern arbeiten Sie mit den möglichen Verursachern an einer Lösung, um so das Vertrauen des Kunden schnellst- und bestmöglich zurück zu gewinnen."

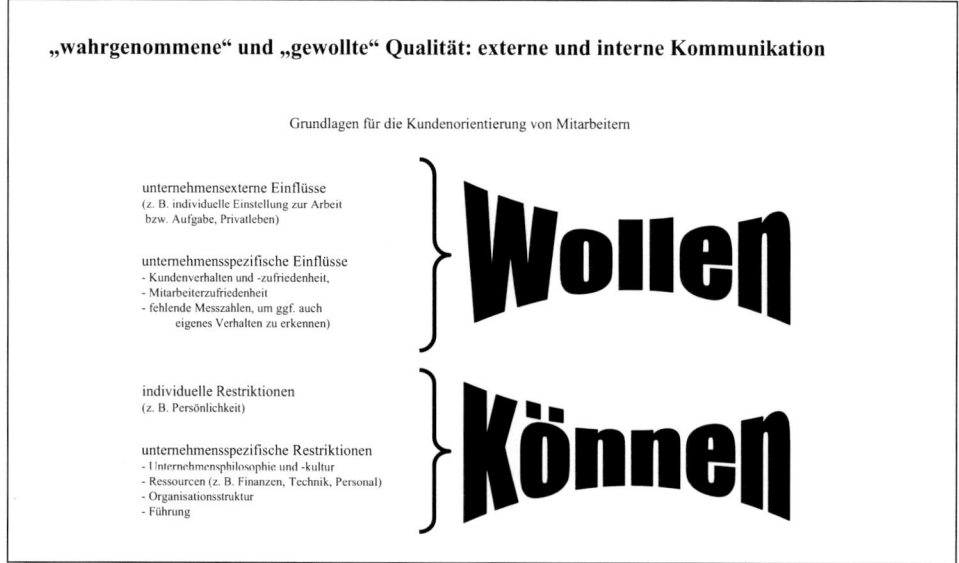

Abbildung 21:   Schulungsfolie zum Thema Kommunikation

Zeigen Sie, dass Sie ganzheitlich denken, Zusammenhänge erkennen und somit auch Ihre Grenzen kennen bzw. genau einschätzen können. Machen Sie dabei vor allem deutlich, dass das „Wollen" ein wesentlicher Faktor ist, der zum Großteil in der einzelnen Person begründet liegt und von Unternehmen nur marginal beeinflusst werden kann. Das „Können" hingegen ist ein Faktor, der sehr wohl bis zur Grenze der persönlichen Lernfähigkeit vom Unternehmen unterstützt werden kann – sofern das „Wollen" ausgeprägt vorhanden ist.

6.   Praxiserfahrungen aus dem Umgang mit schwierigen Kunden

Dieses Kapitel stellt einige Beispiele aus der branchenübergreifenden Praxis zusammen, und zeigt so, was den Beschwerdemanager in seiner täglichen Arbeit erwarten kann.

Beispiel aus der Finanzdienstleistungsbranche

Ein Kunde beschwerte sich über die Abrechnungspraxis bei seinem Tagesgeldkonto. Er ging davon aus, dass auf einem solchen Konto die Zinsen auch täglich kapitalisiert werden und monierte daher die vertraglich vereinbarte Kontoabrechnung zum Ende eines Quartals. Da die Bank keine fehlerhafte Darstellung im Prospekt oder Vertrag sowie keine Fehler in der Abrechnung erkennen konnte, lehnte sie die vom Kunden geforderte Zinsschadenregulierung ab. Es ergab sich ein über Monate andauernder Schriftverkehr, der aber keinerlei neue Erkenntnisse hervorbrachte. Schließlich wurde dem Kunden seitens der Bank vorgeschlagen, sich an die Kundenbeschwerdestelle des Bundesverbandes deutscher Banken zu wenden. Der Vorgang wurde einem Ombudsmann des Bundesverbandes zur Schlichtung vorgelegt. Auch der Ombudsmann vermochte unter Betrachtung der Produktbeschreibung im Prospekt und der vertraglichen Vereinbarungen keinen Fehler der Bank erkennen. Ergo lautete sein Schlichtungsspruch, dass die Forderung des Kunden unbegründet sei und er lehnte damit die vom Kunden weiterhin geforderte Zinsschadenregulierung ab. Als Reaktion auf diesen Schlichtungsspruch ging der Kunde bei einem ordentlichen Gericht gegen den Ombudsmann „wegen Befangenheit" vor, da dieser Ombudsmann zu seiner aktiven Zeit als Richter bereits schon einmal eine Verhandlung leitete, in der eine Klage des Beschwerdeführers abgelehnt wurde. Nach allem, was man in diesem Vorgang weiter hörte, wurde auch dieser „Befangenheitsantrag" vom Gericht abgelehnt.

Fazit: Auch besonders renitenten Kunden sollte, sofern kein nachvollziehbarer Fehler vorliegt, nicht nachgegeben werden. So bekommen sie keinen Anlass zu glauben, dass ihre Rechtsauffassung doch richtig ist.

Beispiel aus der Touristik

Im Rahmen der Bearbeitung der an die Beschwerdeabteilung eines Reiseveranstalters gerichteten täglichen Post öffnete der Beschwerdemanager einen wattierten Briefumschlag, um darin eine zwar tote, aber trotzdem ausgewachsene Kakerlake inklusive angefügtem Beschwerdeschreiben vorzufinden. Der Beschwerdeführer äußerte sich in diesem Schreiben zu den, zugegebenermaßen, bedenklichen hygienischen Bedingungen am Urlaubsort. Der Beschwerdemanager erstattete Anzeige wegen Körperverletzung gegen den Beschwerdeführer.

Fazit: Bei allem Grund für eine Beschwerde sollten doch beide Seiten jeweils das Maß der Dinge im Auge behalten und stets versuchen, auf einer sachlich argumentativen Ebene zu bleiben.

Beispiel aus der Versorgerbranche

Eines Tages erhielt der Leiter des Beschwerdemanagements eines großen Energieversorgers einen Anruf eines aufgebrachten Beschwerdeführers, der das unverschämte persönliche Verhalten eines seiner Mitarbeiter monierte. Nach Aufnahme der Beschwerde und Beendigung des Telefonats wollte der Vorgesetzte seinen Mitarbeiter „zur Rede stellen" und rief ihn im Büro an. Aufgrund einer direkten Telefonweiterleitung erreichte er seinen Mitarbeiter per Mobiltelefon direkt auf dem Polizeipräsidium. Der Mitarbeiter war gerade dabei, Anzeige gegen den Kunden zu erstatten, weil dieser ihn an der Krawatte über den Schreibtisch gezogen hatte.

<u>Fazit:</u> Nicht jeder Beschwerdeführer kann mit sachlicher Argumentation beruhigt und zufrieden gestellt werden.

Weiteres Beispiel aus der Versorgerbranche

Die Leiterin des Beschwerdemanagements wurde direkt von einer Kunden angesprochen, die sich über eine Mitarbeiterin am Kundenschalter beschwerte und von dieser eine persönliche Entschuldigung forderte. Um eine weitere Eskalation zu verhindern, lud die Leiterin alle Beteiligten (Kunden, Mitarbeiterin am Kundenschalter und den Gruppenleiter) zu einem gemeinsamen Termin ein. Im Rahmen dieses Termins kam es zu einer erneuten Eskalation, da sich die Kundin und die Mitarbeiterin scheinbar nicht ausstehen konnten.

<u>Fazit:</u> Manchmal können bestimmte Menschen einfach nicht miteinander. In so einem Fall sollte man eine Eskalation nicht unbedingt noch herausfordern, sondern sich mit anderen Mitteln beim Kunden entschuldigen.

Wie können Kundenwünsche erkannt und sichtbar gemacht werden?

Astrid Eder / Uwe Becker / Aroon Nagersheth

1.   Kundenbefragungen

Die Kundenbedürfnisse, die Zufriedenheit sowie die Erwartungen der Kunden zu erfahren und zu erforschen ist heute wichtiger als je zuvor und gewinnt mehr und mehr an Bedeutung. Deshalb ist es von enormer Bedeutung, dass die Unternehmensleitung die folgenden Fragen beantworten kann:

- Was weiß eine Unternehmung überhaupt über ihre Kunden?

- Was will der Kunde wirklich?

- Was erwartet der Kunde aber auch im Einzelnen von den Produkten oder der Dienstleistung?

- Welche Ansprüche hat der einzelne Kunde oder eine homogene Kundengruppe an den Service und die Beratung?

- Wie oft möchte er angesprochen werden, ist er mit den Öffnungszeiten zufrieden?

- Ist er mit seinem Berater/Verkäufer zufrieden?

- Worüber ärgert sich ein Kunde und worüber beschwert er sich sogar?

Diese Fragestellungen können beliebig fortgesetzt werden. All diese Fragen sind den Verantwortlichen zur Steuerung des Vertriebes jedoch mitunter nicht bekannt und bleiben daher unergründet und unbeantwortet. Es ist fatal, ohne die Ergründung der Kundenerwartungen und Kundenbedürfnisse ein Unternehmen steuern zu wollen und geschäftspolitische Ziele ohne deren Kenntnisse festzulegen. Wie soll eine Dienstleistung angeboten werden, ohne zu wissen, welche Erwartungen der Kunde an dieses Angebot überhaupt hat? Wie kann ein Produkt gestaltet und vermarktet werden, ohne die Ansprüche des Kunden hieran zu kennen? Woher jedoch erfährt ein Unternehmen in einem solchen Fall, was der Kunde wirklich will und denkt?

In internen Workshops wird oftmals versucht herauszufinden, welche Erwartungen der Kunde hat und wie ein Unternehmen dem Kunden begegnen kann. Die Kundendenke wird eruiert, doch leider ohne den Kunden tatsächlich in die Prozesse einzubeziehen. Häufig orientiert man sich an den Wettbewerbern und vergleicht dessen Marketing mit dem eigenen. Dabei geht es überwiegend um die Kreation von Produkten und somit um die nahezu identische Angleichung von Produkten der Wettbewerber. Hierauf werden dann Verkaufsstrategien aufgesetzt. Die weichen Faktoren und Prozesse, zum Beispiel was der Kunde hinsichtlich benötigter Informationen, Ansprachehäufigkeit usw. wünscht, werden meistens jedoch nicht berücksichtigt.

Als weitergehendes Instrument werden zur Analyse entsprechende Kundenbefragungen durchgeführt. Diese sind leider oftmals nur mit einfachem Fragebogenaufbau und als reine Zufriedenheitsbefragung konstruiert. Dem Erfordernis, Kunden zu befragen, ist damit erst einmal entsprochen. In umfassenden Präsentationen wird die kostenintensive Befragung zusammengefasst und den Gremien präsentiert. Eine Zufriedenheitsbenotung bestätigt dem Unternehmen jedoch lediglich, ob es in seinem Handeln den richtigen Weg eingeschlagen hat oder eben nicht. Daher sind Kundenbefragungen zwingend zu ergänzen, um die detaillierte Frage nach wirklichen Erwartungen und Anforderungen der Kunden zu ergründen.

Die Konzeption der Befragung setzt eine detaillierte Planung voraus, um den Erfolg sicherzustellen und das Ergebnis verwendbar zu machen. Einige Grundgedanken bei der Planung von Kundenbefragungen stellt die nachfolgende Tabelle dar.

Was ist bei einer Kundenbefragung zu berücksichtigen?	
Befragungsart	▪ persönliches Interview: der Interviewer und der Kunde stehen in direktem persönlichem Kontakt. Diese Befragungen werden häufig an Info Points auf belebten Plätzen oder direkt in den Kunden-Kontaktcentern durchgeführt. ▪ schriftliches Interview: der Kunde bekommt den Fragebogen per Post zu sich nach Hause gesendet. ▪ Internet: der Kunde bekommt eine E-Mail mit einem Link zur Befragung oder der Fragebogen kann direkt auf einer Internetseite angeklickt und ausgefüllt werden. ▪ telefonisches Interview: der Kunde wird telefonisch kontaktiert und befragt.
Zielgruppe	Wer soll befragt werden? Eine Stichprobe durch alle Kundengruppen oder Konzentration auf bestimmte Fokusgruppen (Großkunden, Exklusivkunden, bestimmte Altersgruppen o. ä.)
Mengengerüst/ Stichprobe	Es ist eine valide Stichprobe auszuwählen, so dass aufgrund dieser repräsentativen Stichprobe auf die Grundgesamt zu schließen ist. Der Umfang der in die Befragung aufzunehmenden Stichprobe muss in Relation zu Kosten und Zeitrahmen gesehen werden.
Durchführung	▪ interne Befragungsdurchführung ▪ externe Befragung mit Involvierung eines Callcenters ▪ Eindeutigkeit der Fragenformulierung ▪ Suggestivfragen vermeiden ▪ offene Fragen, um konkrete Wünsche zu erkennen
Skalierung	Skala 1-5 – klare Mitte, klare Definition der Antwort z. B. 1 = sehr zufrieden, 2 = zufrieden etc.…
Auswertung	Häufigkeiten Korrelationen Auswertung der offenen Fragen

Entscheidet ein Unternehmen sich für eine Kundenbefragung, ist der Inhalt der Befragung bzw. sind die Fragestellungen wohl zu überlegen. Ein „Rundumschlag" über die verschiedenen Bereiche ist wenig zielführend. Vielmehr ist es dem Befragungsziel förderlich, sich auf ganz spezifische und spezielle Themen in der Befragung zu konzentrieren.

Bei der Fragensammlung sind die einzelnen Fachbereiche der Unternehmung zu involvieren. Welche Fragen interessieren die Unternehmensleitung, das Produktmanagement, das Qualitäts- oder Beschwerdemanagement oder die Abteilung, die für die Prozesse verantwortlich ist? Die Anzahl der im Fragebogen enthaltenen Fragen muss anschließend genau abgestimmt werden, um den zu befragenden Kunden nicht mit einer Vielzahl zu überlasten.

Günstiger ist es, sich bei Abstimmung der aufzunehmenden Fragen auf einzelne Prozesse zu beziehen und hier detaillierter pro Frage in die Tiefe zu gehen. Die einfache Frage „Wie zufrieden sind Sie mit der Beratung in unserem Hause?" zeigt nur ein Ergebnis auf. Die Erkenntnisse und Maßnahmen, die nach der Befragung hieraus abgeleitet werden können, sind eher mager. Was nützt beispielsweise eine Note von 2 oder 4? Daraus lässt sich weder die Erkenntnis ableiten, warum wir eine gute Beratungsleistung bieten, noch warum diese bei Note „ausreichend" auch eben nur „ausreichend" benotet wurden. Die Befragungstiefe zu diesem Detailprozess soll weiterführende Erkenntnisse liefern. Solche Detailfragen könnten zum Beispiel sein:

- Hat der Berater sich genügend Zeit für Sie genommen?

- Wie viel Zeit würden Sie für eine Beratung investieren?

- Inwieweit wurden Ihre Fragen ausreichend beantwortet?

- Inwieweit war das Angebot für Sie verständlich?

- Was haben Sie in der Beratung vermisst?

- Welche Tipps können Sie unseren Beratern mit auf den Weg geben?

- Wie war die Atmosphäre bei der Beratung?

- Wurden Ihnen Unterlagen ausgehändigt?

- Sind die Erläuterungen für Sie anhand der Unterlagen verständlich gewesen?

- Welche Erwartungen haben Sie an die Beratung gehabt?

- Wurden diese Erwartungen erfüllt? Wenn nein: Warum nicht und was hätte Sie an der Beratung begeistert?

und erst zum Schluss die Frage:

- Wie zufrieden sind Sie mit der Beratung in unserem Hause insgesamt?

Somit rundet sich das Bild der Beratung konkret ab und gezielte Hinweise lassen sich erkennen. In internen fachübergreifenden Workshops sind die ausformulierten Antworten der Kunden anschließend genau unter die Lupe zu nehmen und zu diskutieren. In der Auswertung ist die Methode der offenen Fragen zwar aufwändiger als skalierte Fragen, aber der Mehrwert der geäußerten Anregungen des Kunden ist enorm.

Die Auswahl der zu befragenden Kunden kann das Ergebnis nun noch verfeinern. Die Fragestellung zum Thema Beratung wird beispielsweise nicht einer breiten Masse gestellt, sondern nur den Kunden, die in einem bestimmten noch nicht sehr lange zurückliegenden Zeitraum eine konkrete Beratung in Anspruch genommen haben. So werden die Ergebnisse nur auf dieses Produkt und den dazugehörigen Beratungsprozess „Touch Point" bezogen. Weitere Eingrenzungen könnten das Alter, das Geschlecht, die Zielgruppe (zum Beispiel VIP-Kunden) etc. sein. Der Zeitpunkt, wann welche Zielgruppe ins Visier genommen wird, kann ebenfalls entscheidend sein, um die Entwicklung der Zufriedenheit und die Erwartungen zu erfahren. Hier macht es die Mischung:

Nichtkunden/ Nichtkäufer	Neukunden	Bestandskunden (Zielgruppen)	Abgewanderte Kunden
Gründe für den Nichtkauf / -abschluss	Zufriedenheit	Touch Points*	Gründe
	Erwartungen	Prozesse	Zufriedenheit
	Verkaufsansätze erkennen	Beschwerden	Wettbewerbsvergleich
		Weiterempfehlung	Rückgewinnungsversuch

*   *ein Kunde wird zum Beispiel eine Woche nach Produktkauf oder einer bestimmten Beratung befragt.*

Die Parameter sind vielfältig und jeweils variabel. Im Ergebnis erhält das Unternehmen dabei Hinweise auf die Erwartungen bestimmter Kundengruppen im Laufe der Geschäftsbeziehung. Eine Kundenbefragung darf daher keine einmalige Aktion sein (was aus Kostenaspekten jedoch häufig zu beobachten ist), sondern ein dauernder dynamischer Prozess.

In der Detailauswertung lassen sich dann die Basisanforderungen, die Leistungsanforderungen und die Begeisterungsanforderungen lokalisieren und zu Standards formulieren.

Praxis-Tipp: Telefonbefragung

Um zu schnellen Ergebnissen und einer hohen Rücklaufquote zu gelangen, ist eine telefonische Befragung durchzuführen. Mit dem Einsatz von eigenem geschulten Personal (zum Beispiel Studenten aus dem Betreuungsprogramm, Mütter im Erziehungsurlaub etc.) sind die Unternehmensstrukturen und Ziele bekannt. Diese Art von Interviewern kann konkrete Zwischenfragen stellen und spontane Äußerungen des Kunden einordnen. Missverständnisse und Unklarheiten können schnell hinterfragt werden.

An dieser Stelle soll anhand einer Frage einmal ausführlicher dargestellt werden, welche Informationen detailliert vom Kunden zu erfragen sind. Die einfache Frage „Wie beurteilen Sie die Fachkompetenz Ihres Beraters?" soll skaliert auf einer Skala von 1 bis 5 vom Kunden beantwortet werden (1 = sehr gut, 2 = gut, 3 = befriedigend, 4 = ausreichend und 5 = ungenügend). Die Note „2" beispielsweise ist sicher ein gutes Ergebnis, doch was macht diese Note

2 aus? Worin liegt der Unterschied zur 1? Ein geschulter Interviewer muss diese Details vom Kunden erfragen. „Wie kommen Sie zur Einschätzung dieser Note?" „Was hätte der Berater besser machen müssen, damit er eine 1 von Ihnen bekommen hätte?" Dies sind die Details, die entscheidend sind, um tatsächliche Hinweise zu erhalten. Ebenso sind bei der Vergabe der Noten 4 und 5 die Gründe für die Verärgerung zu hinterfragen: „Was genau macht für Sie die Vergabe der Note 4 aus?" „Wie können wir Sie wieder zu einem zufriedenen Kunden unseres Hauses machen?" Diese eindeutige Stärken-/Schwächenanalyse zeigt anschließend konkrete Handlungsfelder nicht nur für den einzelnen Mitarbeiter auf, sondern für das ganze Unternehmen. Möglicherweise ergeben sich hieraus Defizite in der Ausbildung des Beraters, so dass Schulungsmaßnahmen einzuleiten sind. Vielleicht sind aber auch verkaufsunterstützende Instrumente wie Beratungsprogramme, Prospekte und Vertragsunterlagen anzupassen, um es dem Berater in seinen Erläuterungen dem Kunden gegenüber leichter zu machen.

Wollen wir noch weiter in die Befragungstiefe und Analyse der Kundeneinschätzung dringen, so ist eine andere Struktur in der Befragung sinnvoll: das Abfragen eines Soll/Ist-Vergleichs. Das heißt: Die vom Kunden erlebte Leistung (Ist) wird als Zufriedenheitsnote abgefragt und der Benotung einer zur erwarteten Leistung (Soll) gegenübergestellt. Die Gründe der Abweichungen sind wiederum zu erfragen. Diese Befragungsform stellt sehr hohe Anforderungen an den Interviewer. Der Kunde muss erkennen, dass er zu einer Frage letztendlich zwei Antworten – das Ist als Zufriedenheit und das Soll als Erwartung – zu geben hat und hierfür auch noch Begründungen äußern soll.

Entscheidet sich ein Unternehmen für die oftmals aufwändige und kostenintensive Durchführung einer solchen Befragung, sollte auch der echte Wille einer Unternehmung dahinter stehen, sich verändern zu wollen. Die alleinige Darstellung der Ergebnisse schafft noch keinen Mehrwert. Vielmehr gilt es, ein Changemanagement einzubinden und sich mit den Ergebnissen der Befragung konstruktiv auseinander zu setzen und in initiativen Workshops Maßnahmen aus den Befragungsergebnissen abzuleiten.

Nun können wir das Bild der Kundenbefragung in einem weiteren Schritt abrunden. Die Erweiterung einer Kundenbefragung stellt das Abfragen der Einschätzung der Mitarbeiter dar. Hierbei werden die an den Kunden gerichteten Fragen auch an die betroffenen Mitarbeiter gestellt. Die Gegenüberstellung von Fremdbild (Kundensicht) und Selbstbild (Mitarbeitersicht) gibt Aufschlüsse darüber, wie Kunden und Mitarbeiter die gelebte Leistung eines Produktes oder einer Dienstleistung empfinden. Beispiel: Der Kundenfrage „Haben Sie sich in der Beratung ungestört beraten gefühlt?" steht die an den Mitarbeiter gerichtete Frage „Was meinen Sie: Führen Sie Ihre Kundengespräche diskret und ohne Störungen durch?" gegenüber.

Oftmals überschätzt sich der Mitarbeiter bzw. das Unternehmen und der Kunde hält den Mitarbeitern dann ein Spiegelbild vor Augen, an dessen Verbesserung gearbeitet werden kann.

2. Beschwerdezufriedenheitsbefragung

An dieser Stelle interessiert jeden Beschwerdemanager neben der klassischen Kundenbefragung die Befragung der Beschwerdeführer.

Die Sinnhaftigkeit dieses Vorgehens wird oftmals kontrovers diskutiert. Sicher ist es von Bedeutung, inwieweit die Beschwerde für den Kunden zur Zufriedenheit bearbeitet bzw. gelöst wurde. Doch einige Beschwerden lassen sich eben nicht zur Zufriedenheit des Kunden lösen. Insbesondere bei Preisdiskussionen mit dem Kunden gibt es für diesen oft keine zufrieden stellende Lösung. Seinem Begehren kann häufig nicht entsprochen werden, genauso wie einem Verzicht auf Bearbeitungsgebühren, Lieferkosten, günstigere Konditionen etc. Diesen Kunden nach seiner Zufriedenheit zu befragen, ist wenig sinnvoll. Er wird grundsätzlich mit einer Negativbeurteilung im Befragungsergebnis vertreten sein. Detailfragen zur Schnelligkeit der Bearbeitung, zur Freundlichkeit und Kompetenz des Beraters werden sich ebenfalls in dieser Beurteilung wieder finden.

Entscheidet sich ein Unternehmen dazu, eine Befragung der Beschwerdeführer vorzunehmen, bedarf es einer gezielten Selektion der Stichprobe. Um die Stichprobe effizient auszuwählen, ist bereits nach Abschluss der Beschwerdebearbeitung durch den Mitarbeiter bzw. Beschwerdemanager festzulegen, ob der Kunde an der Befragung teilnimmt. Werden die Beschwerden in einer zentralen Datenbank erfasst, ist vorzuschlagen, ein gesondertes Datenfeld „für Zufriedenheitsbefragung geeignet" festzulegen.

Praxis-Tipp: Beziehen Sie die Gremien mit ein!

Bei jeglicher Form der Befragung sind Gremien wie Betriebsrat, Personalrat o.ä. rechtzeitig einzubeziehen, da die Ergebnisse eine Art der Mitarbeiterkontrolle darstellen können.

Die Beschwerdezufriedenheitsbefragung ist vor allem ein sinnvolles Mess- und Kontrollinstrument. Es ermöglicht die Prüfung, ob der unzufriedene Kunde mit der Beschwerdebehandlung zufrieden ist und sich sein Zufriedenheitsgrad nach der Beschwerdebehandlung erhöht hat.

Kunden, die sich bei Ihrem Unternehmen beschwert haben und zufrieden gestellt wurden, haben tendenziell höhere Zufriedenheits- und Verbundenheitswerte als solche, die keinen Anlass zur Beschwerde hatten. Der Erfolg der Beschwerdemanagement-Aktivitäten kann am besten und am wirkungsvollsten im direkten Dialog mit den Kunden gemessen und abgesichert werden.

Es bietet sich an, die Stichprobe für die Befragung aus Beschwerdeführern zu rekrutieren, deren Fallbearbeitung zwar abgeschlossen ist, aber noch nicht allzu lange zurück liegt. Die

Eindrücke sollten noch möglichst frisch sein, so dass sie vom Kunden im Detail bewertet werden können.

Die Gestaltung des Fragenkatalogs konzentriert sich auf die Prozesse und Wirkungen im Beschwerdemanagement (zum Beispiel):

- Erreichbarkeit eines Ansprechpartners

- Zufriedenheit mit der Beschwerdebearbeitung

- Zufriedenheit mit der Lösung

Für die Beschwerdezufriedenheitsbefragung sprechen verschiedene Aspekte:

- Man versucht vor allem, die Zufriedenheit mit der Bearbeitung der Beschwerde zu erheben und unterscheidet in der Befragung ganz klar die Zufriedenheit mit der Bearbeitung von der Zufriedenheit mit der Lösung.

- Kunden fühlen sich nochmals besonders wertgeschätzt, wenn sie nach vermeintlich abschließender Bearbeitung der Beschwerde befragt werden, inwieweit ihr Anliegen tatsächlich abschließend bearbeitet wurde.

- Die Befragung dient zudem dazu, das eigene Beschwerdemanagement, die Schnelligkeit der Bearbeitung, die Erreichbarkeit, die Qualität der Bearbeitung zu erheben bzw. zu kontrollieren und ggf. gegenzusteuern.

- Man kann auch vergleichen, inwieweit die vom Kunden erwartete Lösung mit der tatsächlichen vom Unternehmen angebotenen Lösung übereinstimmt bzw. abweicht.

Es geht auch darum, noch einmal zu fragen, ob die Beschwerde für den Kunden tatsächlich abgeschlossen ist. Falls nicht, kann man unverzüglich gegensteuern und eventuell den Kunden noch zufrieden stellen. Die Erfahrung zeigt, dass viele Kunden positiv überrascht sind, dass sich nochmals jemand die Mühe macht, nachzufragen. Die Bereitschaft, bei einer Beschwerdezufriedenheitsbefragung mitzumachen, ist im Vergleich mit anderen Befragungen auch um einiges höher. Dies hat die Praxis gezeigt.

Mit der Durchführung von Kundenbefragungen wird in kurzer Zeit eine repräsentative Stichprobe von Kunden mit einer Auswahl von Fragen konfrontiert. Diese Ergebnisse sollen nun verfeinert und mit ausgewählten Kunden diskutiert werden.

3. Fokusgruppen

Im Gegensatz zur Kundenbefragung werden bei einer Fokusgruppe Kunden dazu eingeladen, zu einem bestimmten Thema mit zu diskutieren und ihre Erfahrungen auszutauschen. Eine Fokusgruppe sollte immer eine fokussierte und moderierte Diskussion führen, die geprägt ist von gegenseitigem Erfahrungsaustausch, Konfrontation von Wahrnehmungen, Meinungen und Ideen aller Diskussionsteilnehmer.

Der Mehrgewinn aus sogenannten Fokusgruppen entsteht durch gruppendynamische Prozesse, die wiederum eine intensivere Auseinandersetzung der Kunden mit dem jeweiligen Thema erzeugt. Die Möglichkeit, dass zentrale Aspekte deutlicher sichtbar werden, ist in Fokusgruppen besonders hoch. Vor allem helfen spontane und ehrliche Reaktionen einen tiefer gehenden Einblick in die Denkweise der einzelnen Mitglieder einer Fokusgruppe zu erhalten.

Es handelt sich hierbei um eine qualitative Technik und somit werden die Ergebnisse von der auswertenden Person beeinflusst. Des Weiteren nimmt der Moderator einer Fokusgruppe einen wichtigen Platz ein und kann auch einen negativen Einfluss auf den Verlauf und den Inhalt der Diskussion haben. Die Ergebnisse einer Fokusgruppe sind nicht repräsentativ. Man kann daher keine Rückschlüsse auf die Gesamtheit der Konsumenten oder Kunden vornehmen, sie eignet sich jedoch hervorragend, um Details der Kundenbefragungsergebnisse detaillierter zu erfragen und zu diskutieren.

Grundsätzlich eignen sich Fokusgruppen auch zur Generierung von Ideen durch Externe (meistens Kunden) und können so in der Neuproduktentwicklung sehr gut eingesetzt werden. Man kann auch versuchen, zentrale Ansprüche und Kundenerwartungen herauszufiltern, die ggf. in weiteren quantitativen Befragungen an repräsentativen Stichproben getestet werden können.

Überall dort, wo es darum geht, tiefgehende und umfangreiche Einblicke in die Welt der Kunden zu erhalten, bestehende Kundenprobleme zu entdecken und auch verhaltensbegründende Motivationen kennenzulernen, ist eine Fokusgruppe sinnvoll und richtig.

Folgende Schritte sind bei der Planung einer Fokusgruppe zu berücksichtigen:

- Auswahl der Teilnehmer
- Ort und Dauer einer Fokusgruppe
- der richtige Moderator
- Auswertung und Reporting

3.1   Auswahl der Teilnehmer

Ein wesentlicher Aspekt für den Erfolg einer Fokusgruppe ist die richtige Auswahl der Teilnehmer. Dabei ist besonderes Augenmerk auf eine angemessene Abbildung der Zielgruppe durch eine gezielte Auswahl der Teilnehmer zu legen. Einerseits sollte eine gewisse Homogenität vorhanden sein und andererseits sind Unterschiede auch notwendig, um die Diskussion unterschiedlicher Meinungen, Reaktionen und Ansichten zu ermöglichen.

3.2   Ort und Dauer einer Fokusgruppe

Es ist sinnvoll, einen unabhängigen Ort zu wählen, um unnötige Berührungsängste zu vermeiden. Die Qualität der Auswertung erhöht sich, wenn die Diskussion aufgezeichnet werden kann. Dies sollte aber in jedem Fall mit den Kunden abgestimmt werden. In manchen Fällen ist eine Aufzeichnung auch ein Hindernis, weil eventuell manche Kunden unter diesen Umständen nicht ungehemmt diskutieren werden. In solchen Fällen ist ein Protokoll anzufertigen, welches von einer zusätzlich anwesenden Person mit dokumentiert und erstellt wird. Dafür sollten nur geübte Personen herangezogen werden, da unvollständige bzw. lückenhafte Protokolle eine Auswertung erheblich erschweren.

3.3   Der richtige Moderator

Einen besonders hohen Anteil am Erfolg einer Fokusgruppe hat der Moderator. Er hat dafür Sorge zu tragen, dass eine entspannte und angenehme Atmosphäre herrscht und die teilnehmenden Kunden keine Diskussionsängste bekommen. Aus diesem Grund werden zu Beginn immer sogenannte Aufwärmrunden durchgeführt, damit sich die Teilnehmer kennen lernen. Dabei ist es wichtig, dass der Moderator langsam an das Thema heranführt und sich die Diskussion mit der Zeit immer stärker auf das eigentliche Kernthema konzentriert. Der Moderator ist in der Lage, auf zentrale Themen zurückzuführen, kann zuhören und vor allem die Diskussion leiten. Eigene Ansichten und Meinungen des Moderators sind hier fehl am Platz. Ziel des Moderators ist es, die Teilnehmer zu umfassenden und detaillierten Statements zu veranlassen, um ein möglichst umfangreiches Bild zu erhalten.

Die Frage, ob man einen internen oder externen Moderator bevorzugt, sollte individuell beantwortet werden. In manchen Fällen ist ein interner Moderator vorzuziehen, wenn ein bestimmtes Fachwissen bzw. internes Know-how unbedingt erforderlich ist. Wichtig ist, dass der interne Moderator immer distanziert an das Thema herangeht und sich nicht persönlich von den Rückmeldungen der Teilnehmer betroffen fühlt. Keinesfalls sollte sich der Moderator in ein Streitgespräch mit den Kunden verwickeln lassen. Es ist wichtig, dass er eine neutrale Rolle einnimmt. Einem externen Moderator fällt es leichter, neutral zu bleiben und sich auf die Fakten zu konzentrieren. Möglicherweise fehlt ihm aber notwendiges Insiderwissen, um die richtigen Detailfragen zu stellen oder Zusammenhänge zu verstehen.

3.4   Auswertung und Reporting

Eine detaillierte Abschrift oder ein genaues Protokoll sind Ausgangslage für die Auswertung. Auf Basis des Transkripts sind relevante Kategorien zu bilden. So können themenzentrierte Auswertungen und Berichte erstellt werden. Nachfolgende Aspekte sind bei der Auswertung besonders zu beachten:

- Welche Bedeutung steckt hinter den einzelnen Aussagen? Werden Begriffe unterschiedlich definiert?

- Ist ein Statement Ergebnis einer offenen Frage oder wird es aufgrund einer Nennung eines anderen Teilnehmers gemacht?

- Machen Personen verschiedene Aussagen zum gleichen Thema (individuelle Konsistenz)?

- Die Anzahl und Ausführlichkeit der Wortmeldungen sind zu berücksichtigen. Werden bestimmte Themen immer wieder diskutiert?

- Welche emotionalen Reaktionen werden durch bestimmte Themen ausgelöst?

Die Erfahrungen mit Fokusgruppen sind durchwegs sehr positiv. Die teilnehmenden Kunden fühlen sich wertgeschätzt und es kommt sehr gut an, dass man direkt nach Erfahrungen, Einschätzungen und Problemen fragt. Die Informationen, die aus den Fokusgruppen gewonnen werden können, sind teilweise nicht immer neu, aber man kann sehr oft besser verstehen und nachvollziehen, warum die besprochenen Aspekte für den Kunden so wichtig bzw. problembehaftet sind. Generell kann anhand von Auswertungen aus Fokusgruppen sehr gut Bewusstseinsarbeit betrieben werden. Es ist einfach, Verständnis für die Probleme und Wünsche der Kunden im Unternehmen zu schaffen, wenn man Ergebnisse aus Fokusgruppen als Basis verwendet. Gekoppelt mit herkömmlichen Kundenbefragungen und Daten aus dem Beschwerdemanagement erhält man ein sehr komplettes Bild von den Bedürfnissen, Wünschen und Problemen der Kunden.

Die Instrumente der Kundenbefragung und der Fokusgruppendiskussion bringen dem Unternehmen eine Fülle von Informationen und zeigen Potenziale für Verbesserungen auf. An dieser Stelle soll aber auch dargestellt werden, wie man diese Ergebnisse für die Unternehmenssteuerung nutzbar machen kann.

4. Erfolgreiche Umsetzung - Arbeiten mit den Ergebnissen aus Kundenbefragungen

Im Arbeitskreis Beschwerdemanagement haben wir eine Vielzahl beeindruckender Reports zum Beschwerdemanagement und ausgezeichnete Auswertungen von Kundenzufriedenheitsanalysen gesehen. Diese Daten werden mehrheitlich zu Vorstandsinformationen genutzt, regelmäßig dem Management und Abteilungsleitern vorgelegt und häufig in monatlichen Besprechungen diskutiert. Das Bewusstsein für diese Art der Kundeninformation ist groß und der Stellenwert wird in den Unternehmen hoch angesetzt. Trotzdem fehlt es häufig an Möglichkeiten, weiterführend mit den gewonnenen Informationen aus Kundenbefragungen und aus dem Beschwerdemanagement zu arbeiten.

Zwei Möglichkeiten sollen hier im Einzelnen dargestellt werden:

1. Aktionspläne - kurzfristiges Umsetzen

2. Einbindung in das unternehmensinterne Wertungssystem (Scorecard) - langfristiges Umsetzen

4.1 Aktionspläne

Aktionspläne bilden die ideale Grundlage, kurz- und mittelfristig an der Behebung von Beschwerdetreibern zu arbeiten, während die Einbindung von Beschwerdedaten und Ergebnissen aus Kundenbefragungen in die unternehmensinternen Wertungssysteme eine langfristige Umsetzung und Einhaltung garantieren. Bei beiden geht es ausdrücklich nicht um die Bearbeitung einer Beschwerde oder die unmittelbare Lösung eines individuellen Problems, das damit behoben werden soll - dies erfolgt weiterhin im Rahmen der Beschwerdebearbeitung im Einzelfall. Es geht vielmehr um den Umgang mit dem umfangreichen Datenmaterial aus den unternehmensinternen Analysen und Reports. Wichtig erscheint hierbei, die Trends und Kernaussagen aus der Befragung und dem Beschwerdemanagement zu erkennen, diese zu analysieren, Prioritäten zu definieren und aus den gewonnenen Erkenntnissen nachhaltige Aktionspläne zu entwickeln.

Mit der Aufstellung eines Aktionsplans können Sie gezielt an den Hauptbeschwerdetreibern arbeiten. Wenn Sie mit den Daten einer Kundenbefragung arbeiten, geht es um diejenigen Fragen aus Ihrem Fragebogen, bei denen die Abweichungen in den Bewertungen am größten sind. Wählen Sie bei der Beschwerdeanalyse dazu die am häufigsten auftretenden Aspekte, diejenigen, die die höchsten Kosten produzieren oder nach anderen Wertungskriterien aus. Bei Ergebnissen aus Kundenbefragungen wird häufig ganz banal nach „Top 5" oder „Bottom 5" gewichtet und daraus eine Prioritätenliste erstellt. Das bedeutet einfach, diejenigen fünf Fragen aus Ihrem Fragebogen, die am schlechtesten bewertet wurden, geben Ihnen das größte Potenzial zu Veränderungen und Verbesserungen von Produkten und Dienstleistungen.

Praxis-Tipp: Begeistern Sie mit Ihren Top 5

Die Top 5, also bestbewerteten Fragen, zeigen Ihnen übrigens wunderbare Möglichkeiten auf, in welchem Bereich in Ihrem Unternehmen nicht nur geringe Unzufriedenheit, sondern wirkliches Potenzial besteht, Ihre Kunden langfristig zu begeistern etc. Auch dies ist ein Aspekt, den man bei dem Fokus auf Beschwerdemanagement nicht aus dem Auge verlieren sollte.

Bei Kundenbefragungen können Sie dabei mit einer „Keydriver-Analyse" arbeiten. Hier wird untersucht, welche Punkte aus der Befragung am meisten zur generellen Zufriedenheit oder aber Unzufriedenheit Ihrer Kunden beitragen. Welchen Einfluss hat beispielsweise die Bearbeitungsdauer auf die Gesamtzufriedenheit? In der Statistik wird dieses Verfahren Korrelationsanalyse genannt. Dabei werden einfach bestimmte Fragen aus der Umfrage in Relation zueinander gesetzt, vor allem zur „generellen Zufriedenheit". Diese Vorgehensweise hilft Ihnen, nicht vorrangig die dringlichsten und am häufigsten genannten Probleme zu lösen, sondern diejenigen, die eben den größten Einfluss auf die Kundenzufriedenheit haben – eine lohnende und häufig überraschende Analyse. Darüber hinaus sind Keydriver-Analysen immer langfristiger orientiert, weil man davon ausgeht, dass diese Punkte sich nicht laufend ändern (häufig wird die Analyse nur einmal jährlich gemacht), während es in den Top 5 und Bottom 5 durchaus große Schwankungen zwischen Ihren Befragungen geben kann.

Erfolgreiche Aktionspläne beinhalten nicht mehr als vier bis sechs Punkte, es sollte absichtlich nur mit diesen Punkten und nicht mit einer längeren Liste gearbeitet werden, damit allen Beteiligten klar ist, worauf in der Strategie wert gelegt wird und was gemeinsam erreicht werden soll. Dadurch wird auch das notwendige Augenmerk auf die Auswahl der „richtigen" Punkte für den Aktionsplan gelegt. Prüfen Sie bei jedem Punkt einzeln ob, in welcher Weise und mit welcher Relevanz ein unmittelbarer Zusammenhang zwischen der Aktion und möglichst genau einer bestimmten Aussage aus der Kundenumfrage oder Ihrer Beschwerdeauswertung hergestellt werden kann.

Bei der Aktionsplanung steht immer die Frage im Vordergrund, ob durch Aktion X direkt Einfluss auf die Kundenzufriedenheit mit Y aus dem Fragebogen oder Z aus der Beschwerdeanalyse genommen werden kann. Diese Relevanz ist oft schwer herzustellen und bedarf detaillierter Analyse. Legen Sie neben der genauen Beschreibung der Aktion auch Zeitrahmen, Verantwortlichkeiten und Messbarkeit der Umsetzung der Aktion fest. Oft müssen Aktionen von mehreren Abteilungen bzw. Sparten des Unternehmens gemeinsam getragen und durchgeführt werden.

Beispiel:

Sie erhalten so viele Beschwerden zu Ihrer Preispolitik, dass dieses Thema unter den Top 5 (den am häufigsten genannten Beschwerdegründen) erscheint. Auch in Ihren externen Befragungen wird dieses Thema immer wieder erwähnt, erscheint häufig unter den Kommentaren und schneidet im Fragebogen unterdurchschnittlich ab (hohe Bottom 2-Werte).

Ihre Detailanalyse ergibt, dass Sie preislich etwas über einigen Internetanbietern liegen, dafür aber Zusatzleistungen bieten, die dort nicht angeboten werden. Haupthintergrund ist offenbar, dass Sie einerseits wirklich teurer sind als Ihre Konkurrenz, gleichzeitig scheinen Ihre Kunden den Vorteil, den Sie durch Ihre Zusatzleistungen anbieten, entweder nicht zu verstehen oder aber sie brauchen/wollen diese Leistungen einfach nicht.

Aktionsplan:

Aktion	Zeitrahmen	Verantwortlich	Messbarkeit
Preisaktion - Sonderangebote für Stammkunden	Saisonale Aktion 01. Juni - 30. August	Marketing - Herr Sommer	1. Aktion wurde durchgeführt (ja/nein, im vorgegebenen Zeitrahmen/verspätet) 2. Nutzungshäufigkeit + 10%
Kundenberater müssen die Zusatzleistungen im Beratungsgespräch besser erklären	Training: 3 Termine im Mai in allen Filialen, 2 Termine im Callcenter Einführung ab 1. Juni in allen Gesprächen	Training - Frau Link Vertrieb - Frau Eiselt Callcenter - Herr Solms	1. Trainings wurden durchgeführt (ja/nein/Teilnehmer) 2. Gesprächsprotokolle beinhalten Vermerk zur erfolgten Beratung, Ziel: 100 % aller Anrufe, 90 % aller Filialgespräche zu Produkt X
Flyer - „Unsere Extras"	ab 01. Juni	Marketing: Frau Lengfeld	1. Flyer produziert 2. ab 01.Juni überall verfügbar
Test: Anbieten der Leistungen als Baukastensystem, so dass Kunden wählen können, welche Leistungen genutzt werden sollen	Mai in der Filiale Hauptstraße	Vertrieb: Frau Eiselt, Filiale: Herr Paul	1. Festgelegte repräsentative Kundengruppe ausgewählt 2. Ziel: 75 Kunden nutzen das Angebot 3. Auswertung zum 01. Juli verfügbar

4.2   Scorecard

Idealerweise haben Sie innerhalb des Unternehmens die Möglichkeit, Kundenzufriedenheit und Beschwerdeauswertung direkt in die Mitarbeiter-Wertungssysteme (Scorecard) einfließen zu lassen, und machen diese Daten somit zu Bewertungskriterien für zum Beispiel die jährlichen Erfolgsprämien und Bonuszahlungen. Gleichzeitig können Sie dadurch eine starke unternehmensinterne Aussage treffen, die sich schnell auch nach außen transportieren lässt: Hier wird Wert auf den Kunden, dessen Meinung und auf seine Beschwerden gelegt! Auf jeden Fall stellen Sie dadurch sicher, dass die Umsetzung für alle Mitarbeiter Ihres Unternehmens relevant wird und auf die Zielsetzung und Bewertung jedes Einzelnen Einfluss nimmt, angefangen vom Topmanagement, über die Führungskräfte bis zu den einzelnen Mitarbeitern.

Praxis-Tipp: Verantwortung auf allen Ebenen

Trauen Sie sich, Verantwortung für Kunden in alle Ebenen des Managements einzubinden, auch dort, wo scheinbar kein direkter Einfluss auf Kundenzufriedenheit oder Kundenkontakt besteht. Alle Mitarbeiter Ihres Unternehmens tragen Verantwortung für die Kundenzufriedenheit, auch wenn sie nicht unmittelbar im Kundenkontakt stehen. Für alle sollte gelten, dem Kunden die Nutzung Ihrer Produkte, die Zusammenarbeit mit Ihrem Unternehmen und jegliche „Erfahrung" mit Ihrem Unternehmen so leicht und so angenehm wie möglich zu machen.

Wenn Sie Mitarbeitern aus dem Finanzbereich, der Buchhaltung, aus dem Lager, der Personalabteilung etc. Verantwortung für IHRE gemeinsamen Kunden übertragen, entsteht eine Arbeitsatmosphäre, die denjenigen Kollegen, die wirklich direkt mit Kunden arbeiten, eine Grundlage schafft, ausgezeichneten Kundenservice zu erbringen.

Nutzen Sie also die Gelegenheit, Einfluss auf wirklich alle in Unternehmen zu nehmen und setzen Sie allen Mitarbeitern, egal in welcher Abteilung, das direkte Ziel: Kundenzufriedenheit!

Im Rahmen der Mitarbeiterbewertung sollten Sie auch über einen weiteren Aspekt nachdenken: Den Anteil der „Kundenziele" an der Gesamtbewertung! Werden neben Verkaufs- und Umsatzzielen in den Bewertungssystemen Ihres Unternehmens auch Kundenziele einbezogen und bewertet? Hier wird großer Einfluss auf die erfolgreiche Umsetzung von Befragungen und Beschwerdemanagement genommen und eine deutliche Aussage zur Wertigkeit der Kundenzufriedenheit getroffen.

So könnte eine Aufteilung der Anteile aussehen, wenn Sie ernsthaft Ihren Kunden in das Zentrum Ihrer Unternehmensziele stellen möchten:

Unternehmensinternes Mitarbeiter Wertungssystem (Scorecard)

50 % Finanzziele

50 % Kundenziele

Finanzziele, wie Umsatzsteigerung, Verkauf bestimmter Produkte, Produktivitätsverbesserung sind in den meisten Unternehmen bereits fest verankert, werden regelmäßig gemessen und zur internen Bewertung herangezogen. Dass diese Möglichkeiten auch auf „Kundenziele" ausgeweitet werden, ist noch relativ selten. Kundenumfragen und die Erkenntnisse aus dem Beschwerdemanagement bieten hierfür aber bestmögliche Voraussetzungen, die lediglich mehr genutzt werden müssten. Sie stehen in vielen Unternehmen regelmäßig zur Verfügung, können über längere Zeiträume, oft laufend gemessen und beobachtet werden und relativ leicht als relevante, messbare und realistische Zielsetzungen formuliert werden. Hier ein paar Vorschläge aus der Praxis:

- Reduktion der Werte 4 = ausreichend und 5 = ungenügend in der Kundenbefragung um 5 Prozent zum Vorjahr (Realverbesserung)

- Reduktion der Bottom 2-Werte um 25 Prozent (ausreichend/ungenügend) im Vergleich zum Vorjahr

- Umgekehrt: Steigerung der Top 2-Werte um 25 Prozent zum Vorjahr

- Maximal 10 Prozent der Kunden antworten mit 4 = ausreichend und 5 = ungenügend

- Erhöhung der Werte 1 = sehr gut, 2 = gut in der Kundenbefragung um 5 Prozent zum Vorjahr

- Minimum 70 Prozent der Kunden antworten mit 1 = sehr gut, 2 = gut

- Rückgang der Beschwerden zu Thema X um 50 Prozent - bei gezieltem Aktionsplan

Wenn innerhalb des Unternehmens große Anteile der Bewertungssysteme auf der Außenwahrnehmung von Dienstleitungen und Produkten und der Kundenzufriedenheit basieren, können Sie tatsächlich höhere Zufriedenheitswerte und Reduktionen innerhalb der Beschwerdeauswertung erreichen.

Versuchen Sie dabei immer auch interne Bewertungskriterien, aber auch Qualitätsinstrumente, die Ihnen zur Verfügung stehen, möglichst genau an die externe Kundebefragung anzugleichen. Wenn Sie dann intern durch Maßnahmen und Erfolgsmessungen gute Werte erzielen, sollte sich das automatisch positiv auf Ihre externe Kundenbefragung auswirken. Entsprechend müssen die Ergebnisse übereinstimmen; die interne Qualitäts- oder Zielbewertung „sehr gut" muss zwangsläufig auch von Ihren Kunden in der Befragung so beantwortet werden. Was intern als „sehr gut" gewertet wurde, aber von Ihren Kunden bei der Befragung nicht genau so gesehen wird, ist eben nicht „sehr gut"!

Praxis-Tipp: Abgleich Kundensicht / Eigensicht

In einem Prozess wird durch regelmäßige Qualitätskontrolle intern gemessen, wie schnell Aufträge bearbeitet werden. Ihre Qualitätsanalyse ergibt nach diesen Bewertungskriterien gute und zufrieden stellende Ergebnisse. Folgerichtig muss die externe Kundenbefragung zu dem Thema Schnelligkeit der Auftragsbearbeitung ebensolche guten und zufrieden stellenden Ergebnisse aufweisen. Gleichen Sie diese beiden Sichten immer ab.

Fazit: Kundenbefragungen können in Fragegestaltung und Struktur der zielgruppen- und prozessorientierten Befragungstiefe sehr differenziert gestaltet werden. Das unternehmerische Ziel findet somit Ausdruck in der Kundenbefragung. Durch die Diskussion mit entsprechenden Fokusgruppen lassen sich weitere Details zur Verbesserung herausfinden. Die Verankerung dieser Ergebnisse in den persönlichen Zielen jedes Mitarbeiters (Scorecard) lässt die Qualitätsorientierung zu einem festen Bestandteil der Unternehmenskultur werden und hilft Ihnen, mit den erzielten Informationen wirkliche Verbesserungen für Ihre Kunden zu bewirken.

Der Herausgeber

Dr. Oliver Ratajczak wechselte direkt nach seiner Promotion zur Unternehmensberatung TietoEnator GmbH, bei der er als Project manager Complaint Management die Verantwortung für den Gesamtbereich „Beschwerdemanagement" übernahm. Im Rahmen dieser Tätigkeit leitete er nicht nur die Softwareentwicklung einer etablierten Beschwerdemanagement-Lösung, sondern beriet auch Kunden aus diversen Branchen rund um die Themenkomplexe „Beschwerdemanagement" und „Kundenprozessoptimierung". Seit 2005 bringt er seine Expertise „rund um den Kunden" als Leitender Berater und Leiter Marketing bei der Ropardo AG im Rahmen von Kundenprojekten in unterschiedlichsten Branchen ein. Seit 2006 moderiert er den „Arbeitskreis Beschwerdemanagement", dem auch die Autoren dieses Buches angehören. Kontakt und weitere Informationen unter:

info@beschwerdemanagement-buch.de und
www.beschwerdemanagement-buch.de

Die Autorinnen und Autoren

Uwe Becker hat nach abgeschlossener Bankausbildung und dem Studium der Betriebswirtschaftslehre sich zunächst für sechs Jahre dem Personalbereich gewidmet. In zwei Kreditinstituten im Raum Hamburg war er als Referent und Personalleiter mit dem Aufbau der jeweiligen Personalabteilungen beauftragt.

Heute ist er als Gruppenleiter und Prokurist für den Bereich Servicemanagement in der Oldenburgische Landesbank AG – die führende Regionalbank im Nordwesten Niedersachsens – tätig. Er ist dort verantwortlich für die Organisation von Kundenbefragungen und Kundenzufriedenheitsmaßnahmen sowie die Leitung eines Inhouse Callcenters. Vor rund 12 Jahren baute er das Beschwerdemanagement auf und verankerte es fest in der Unternehmensorganisation der OLB. Als zugleich Leiter des Beschwerdemanagements umfasst sein Aufgabenbereich die eigentliche Lösungsfindung von Kundenanliegen, die umfassende Auswertung und das Reporting der vorliegenden Beschwerden zur Initiierung von Qualitätsverbesserungen.

Holger Brachetti ist mittlerweile im zehnten Jahr verantwortlich für das Beschwerde- und Qualitätsmanagement der Mercedes-Benz Bank AG. Die Mercedes-Benz Bank gehört zu Daimler Financial Services, dem weltweiten Finanzdienstleister der Daimler AG. Im Rahmen des Beschwerdemanagements wird neben der operativen Steuerung bei der Beschwerde-Bearbeitung durch die Fachbereiche auch die Erhebung der relevanten Kennzahlen und das daraus resultierende Reporting durchgeführt. Nach einem Studium der Betriebswirtschaftslehre an der

Universität Stuttgart, welches er erfolgreich als Diplomkaufmann (t.o) abgeschlossen hat. Die Grundlagen für die spätere Tätigkeit als Beschwerdemanager wurden im Vertrieb und durch die Mitwirkung an diversen Projekten innerhalb der Mercedes-Benz Bank AG gelegt.

Astrid Eder ist Leiterin des Beschwerdemanagements bei der IKB AG einem kommunalen Energieversorgungs- und Infrastrukturunternehmen in Innsbruck/Österreich. Sie ist verantwortlich für das konzeptionelle und operative Beschwerdemanagement der IKB AG sowie für die Durchführung von unterschiedlichen Kundenbefragungen im Unternehmen. Sie hat Wirtschaft und Management am MCI in Innsbruck studiert und verfügt über 10 Jahre Erfahrung im Kundenkontakt. Bei der IKB AG ist sie seit 2002.

Aroon Nagersheth ist Customer Experience Manager beim Membership Travel Service, dem Reiseservice für Gold-, Platinum- und Centurion Karteninhaber bei American Express. Er ist verantwortlich für die Durchführung von Kundenzufriedenheitsumfragen in über 20 Ländern weltweit und arbeitet an Projekten zur Verbesserung der Kundenzufriedenheit. Zu seinem Aufgabenbereich gehören das Qualitätsmanagement, das Umsetzen von Maßnahmen aus dem Beschwerdemangement und das Erstellen von Bewertungskriterien aus Umfragen und Aktionsplänen.

Er ist Reiseverkehrskaufmann, dipl. Kommunikationswirt und staatl. gepr. Kommunikationsfachmann und verfügt über fast 25 Jahre Erfahrung in der Reisebranche. Bei American Express ist er seit 1992.

Fred Niefind leitete unter anderem das Beschwerdemanagement der GE Money Bank Deutschland. In dieser Funktion war er auch für die aus den Beschwerden hervorgehende Schwachstellenanalyse sowie eine darauf basierende Service- und Qualitätsverbesserung verantwortlich. Im Rahmen der betriebsinternen Integrityrichtlinien stand er auch den Mitarbeitern der GE Money Bank Deutschland als Ombudsperson zur Verfügung.

Nach einer Bankausbildung und nebenberuflichen Weiterbildung zum Fachkaufmann für Marketing war er über 15 Jahre bei verschiedenen Banken und Finanzdienstleistungsgesellschaften im Vertrieb tätig und kann darüber hinaus auf mehr als 15 Jahre praktische Erfahrungen in den Bereichen Beschwerde-, Qualitäts- und Prozessmanagement sowie Ideenmanagement und Knowledge Transfer zurückgreifen.

Er ist von der DGQ - Deutsche Gesellschaft für Qualität zertifizierter Qualitätsmanager sowie Auditor Qualität und hat die Qualifikation als Green Belt Six Sigma Projekte zu leiten. Außerdem ist er Assessor für den Qualitätspreis Berlin-Brandenburg.

Andreas Wiegran zeigte sich verantwortlich für die operative Bearbeitung von eskalierten Beschwerden der Direktbank Cortal Consors S.A., ein Unternehmen der französischen Großbank BNP Paribas. Er setzte in dieser Zeit ein erfolgreiches Benchmarking im Bereich „Kennzahlen" zwischen verschiedensten international und nationalen Kreditinstituten um. Des Weiteren führte er ein Verbesserungsmanagement für kundenbasierte Vorschläge ein.

Die Basis für seine Tätigkeiten legte er durch seine Ausbildung zum Bankkaufmann und ein wirtschaftswissenschaftliches Studium an der FH OOW, welches er erfolgreich als Diplomkaufmann abschloss. Seine Diplomarbeit, welche er praxisorientiert für ein Energieversorgungsunternehmen verfasste, hatte den Titel: „Implementierung eines Beschwerdemanagements bei einem regionalen Energieversorgungsunternehmen".

Derzeitig arbeitet Andreas Wiegran als Referent der E.ON Best Service GmbH. Er ist hier für die Steuerung und Qualitätssicherung des Kundenkontaktmanagements im Bereich Beschwerdemanagement verantwortlich.

Literaturliste

Dieses Kapitel gibt einen Überblick über die von den Autoren dieses Buches rund um das Thema „Beschwerdemanagement" empfohlene Literatur:

WIEGRAN/HARTER (2002): Kunden-Feedback im Internet, 1. Auflage

LELORD/ANDRÉ (2007): Die Macht der Emotionen, 3. Auflage

BICKMANN / SCHAD (1998): Der Kunde sitzt nebenan, 1. Auflage

EVERSHEIM, WALTER: Qualitätsmanagement für Dienstleister - Grundlagen, Selbstanalyse, Umsetzungshilfen. Berlin u.a. : Springer, 2000

FRANKE, KARIN (O.J.): Beschwerdemanagement – Ärgernisse Ihrer Kunden systematisch auflösen und vermeiden in http://www.semantics.de/service/publikationen/beschwerdemanagement/beschwerdemanagement.pdf

GROLL, KARL-HEINZ: Das Kennzahlensystem zur Bilanzanalyse, 2. erweiterte Auflage, Verlag Hanser, München Wien, 2004

RATAJCZAK, OLIVER: „Offen kommunizieren",Banken & Sparkassen 01/2006"

RATAJCZAK, OLIVER: „Kundenzufriedenheit rückt in den Fokus", Banken & Sparkassen 04/2004

RATAJCZAK, OLIVER: „Kummerkasten bindet Kunden"; TeleTalk 10/2003

RATAJCZAK, OLIVER: „Wer meckert wird belohnt"; CW extrakt: Computerwoche Extra, 04/2002

REICHHELD, FRED; SEIDENSTICKER, FRANZ-JOSEF: Die ultimative Frage. Mit dem NetPromoter Score zu loyalen Kunden und profitablem Wachstum in http://www.vocatus.de/pdf/ Press-PA-Sinn_des_NPS.pdf

RAMSAUER, ANDRÉ; WALSER, KONRAD (10/2005): Entwicklung eines Prozessmodells für dasBeschwerdemanagement, 2. Aufl.

STAUSS, BERND; SEIDEL, WOLFGANG: Beschwerdemanagement: unzufriedene Kunden als profitable Zielgruppe. München : Hanser, 2007

STAUSS, BERND; SEIDEL, WOLFGANG: Beschwerdemanagement – Kundenbeziehungen erfolgreich managen durch Customer Care, 3. Aufl., München/Wien: Hanser 2002

STAUSS, BERND; SEIDEL, WOLFGANG: Beschwerdemanagement – Fehler vermeiden, Leistung verbessern, Kunden binden, München/Wien: Hanser 1996

THEDEN, PHILIPP; COLSMAN, HUBERTUS: Qualitätstechniken Werkzeuge zur Problemlösung und ständigen Verbesserung, 3. Auflage, Hanser 2002 in http://www.qm-infocenter.de/

TRIER, HARTMUT: Deutsche Post World Net - Qualitätsmanagement als Treiber für den Unternehmenserfolg in den Filialen, in Töpfer, Armin (Hrsg.): Business Excellence, 1. Auflage, Frankfurt: FAZ GmbH 2002